每天学点

# 幽默学

刘 超◎编著

幽默是一种处世态度，用乐观的眼光去观察世界，
能够发现世间一切事物的快乐之处。

從幽默中品味幸福生活與多彩人生

内蒙古人民出版社

**图书在版编目(CIP)数据**

每天学点幽默学/刘　超编著.—呼和浩特:内蒙古人民出版社,2017.9

ISBN 978-7-204-15033-5

Ⅰ.①每… Ⅱ.①刘… Ⅲ.①幽默(美学)-通俗读物 Ⅳ.①B83-49

中国版本图书馆 CIP 数据核字(2017)第 255427 号

**每天学点幽默学**

| | |
|---|---|
| **作　　者** | 刘　超 |
| **责任编辑** | 晓　峰 |
| **出版发行** | 内蒙古人民出版社 |
| **地　　址** | 呼和浩特市新城区中山东路 8 号波士名人国际 B 座 5 楼 |
| **印　　刷** | 北京永顺兴望印刷厂 |
| **开　　本** | 710mm×1000mm　1/16 |
| **印　　张** | 20 |
| **字　　数** | 300 千 |
| **版　　次** | 2018 年 8 月第 1 版 |
| **印　　次** | 2018 年 8 月第 1 次印刷 |
| **印　　数** | 1-10000 册 |
| **书　　号** | ISBN 978-7-204-15033-5 |
| **定　　价** | 39.80 元 |

**如发现印装质量问题,请与我社联系。联系电话:**(0471)3946120

**网址:**http://www.impph.com

# 前 言

幽默是人类语言最复杂的机制之一，这种机制的内在规律，至今尚未被人完全了解。对幽默的感受和描述多如牛毛，在书本中，在网络上，我们都曾读到过千百条定义，众说纷纭，公说公有理，婆说婆有理。

幽默所涉及的生活是相当广阔的，生活中的万事万物都可以拿来，经过智慧的发挥和巧妙的联想，而机智地表达出来，博得人们的会心一笑。

幽默是将生活中那些出人意料的喜剧因素机智奇巧地表现出来，使我们感受到真善美的力量，从而获得精神上的愉悦，呈现出欢笑的情感反映，因此它就必然显得含蓄，具有了意味深长的特征。

幽默言近旨远，它绝不直露地表达自己的观点，也绝不激烈地辩护和谩骂，而是寓深刻的知性于丰富的感情之中，沉着达观却又悲天悯人，即使嘲笑他人也把自己牵涉在内，给人意味深长、回味无穷之感。

幽默不是简单地制造一些笑料，它包含着某种只能意会不能言传的东西，需要我们的领悟和灵性。它能使人敏锐地发现生活中的趣事，既看到可笑的一面，又看到可爱的一面。只有具备这种领悟能力，我们才可能理解幽默，时时刻刻都有幽默的谈吐。

我们都有这样的体会，同机智风趣、谈吐幽默的人交往，就能精神愉快、信心百倍，而与那些郁郁寡欢、言语乏味的人往来，则会很不开心、心情黯淡。

幽默在生活中的作用是相当巨大的。曹雪芹在《红楼梦》中生动地描写了幽默的刘老老给大观园带来的欢笑。

贾母请刘老老吃饭，刘老老站起来，大声说："老刘，老刘，食量大如牛，吃个老母猪，不抬头！"说完，她鼓着腮帮子，两眼直视，一声不吭。

且看众人的反应吧：湘云撑不住，一口茶都喷了出来。黛玉笑岔了气，伏着桌子一个劲地叫“哎哟”。宝玉滚到贾母怀里，贾母笑得搂着叫“心肝”。王夫人用手指着凤姐，却笑得说不出话来。薛姨妈口里的茶竟喷了探春一裙子，而探春竟把茶碗都合在了迎春身上。惜春离了座位，拉着她奶母，叫“揉揉肠子”。地上没有一个不弯腰屈背，也有躲出去蹲着笑的，也有忍着笑上来替他姐妹换衣裳的……

这段生动的描写，让我们看到了幽默征服人心的巨大力量。幽默在生活中无处不在，像个精灵。这个精灵随时出现在我们周围，我们像呼吸空气一样呼吸着它的灵气，妙笔生花，出口成趣。当我们要为它勾画面目时，却又发现它如天上的云朵一样，千变万化，千姿百态。

我们往往能切实地感受到幽默的存在，但却往往说不出幽默的具体特征，因为真正的幽默都不是仅从表面内容就能开怀大笑的，在不知不觉中幽默突然爆发出来了，我们能感受到它的味道，却无法用语言描述出来。

在这里，我们只能不揣冒昧，粗略地勾勒出它的几个特征与运用技巧，使大家对幽默有个大致的认识，至于更具体、更细致、更深入的感受与理解，则要靠读者自己去体会了。

编　者

# 目录

## 第三章　幽默的应用与技巧

幽默的表达大都是人际交往中自然诱发出来的，很大程度上需要诙谐的心理素质和迅速的反应能力，而这些往往得力于先天遗传，自我养成和后天有目的的训练。如果没有足够的训练而刻意为之，往往弄巧成拙。要增强幽默感最好的办法并不是在理性上作系统的训练，而是在实践中勤于应用，在应用中提高。

生活常给我们出些难题,既教会我们的智慧,又教会我们的人格。学会了幽默,可以巧妙地为自己和他人化解难堪,可以为生活增添更多的笑声,可以让人际交往其乐融融。

幽默，绝不简单地等同于开个玩笑，讲个笑话。若缺乏风度和教养，玩笑会无礼无趣，笑话会粗俗不堪，这是对幽默的歪曲和谋杀。幽默的魅力来自个人的修养内涵。一个有品性、有教养、有风度的人，才能完美地诠释幽默的全部妙趣。

## 第六章 生活幽默集萃

幽默是受人欢迎的，因为它体现了与人为善的原则，能够给我们的生活带来美好的变化，不仅是人际关系的润滑剂，而且是社会生活的净化剂。

# 第一章 认识幽默

我们必须承认，幽默是人类语言百花园中的一朵奇葩。它言近而旨远，辞浅而意深，含而不露，耐人寻味，在善意的微笑中，揭露生活中的乖讹和不通情理之处。它是智慧、是艺术、是力量，含蓄地表达真理，产生意味深长的美感。

## 什么是幽默

幽默，几乎是一个永恒的话题，一个斯芬克斯之谜。因此，英国作家萧伯纳说："幽默的定义是不能下的，这是使人发笑的一种元素。"美国哲学家索尔·斯坦伯格说："试图给幽默下定义，是幽默的定义之一。"幽默的最大特性是引人发笑，所以《幽默与人生》的作者特鲁认为："幽默是一种特性，一种引发喜悦，以愉悦的方式娱人的特性。"

幽默是一种饱含智慧和情趣的领域，令人解颐、畅怀、回味和神往。生活中不能没有幽默，幽默是人生的智慧之花，聪明人不一定善于幽默，但幽默的人一定聪明。幽默能有效地润滑、缓解矛盾，调节人际关系……我们不要抱怨自己没有幽默感。其实，只要留意一下，我们都在有意无意地创造幽默佳境。

比如，乘公共汽车难，但大家都幽默地戏称为“公共汽车咏叹调”。又如，车上人多，乘客没有听见报的站名，错过站的人慌慌忙忙擂车门，大喊：“售票员，下车！”而售票员正在酝酿几句奚落话。一位乘客及时插嘴：“售票员不能下车。售票员下车了，谁卖票呢？”乘客报以微笑，售票员也变得和颜悦色了。

诚然，幽默不能代替实际解决问题的科学方法，它不能叫你减肥，也不能叫你长高，更不能帮你考高分，特别不能帮你进行发明与创造。但能帮助你调节人际关系。在人生纷至而来的困惑中，它会帮你化被动为主动。以轻松的微笑代替沉重的叹息。

有一对夫妇去参观新潮美术展览，当他们走到一幅仅以几片树叶遮掩着私处的裸体女像油画前时，丈夫很长时间不肯离开。妻子忍无可忍，狠狠地揪住丈夫道：“喂！你想站到秋天，等待树叶落下来才甘心吗？”

幽默此时是滑润干涩的高质润滑剂，是托起爱情之舟的安全气垫。

幽默是一种质朴乐观的人生态度，它使人在逆境中乐观，在顺境中忧患。有了它虽不能变得鹤发童颜，却如服用了益气补血、清火泄热的青春宝，祛疾安神，充满活力。与幽默家在一起好比读一本书，受益无限，得乐无穷。

有一次，温斯顿·丘吉尔的政敌阿斯特夫人对他说：“温斯顿，如果你是我的丈夫，我会把毒药放在你的咖啡里。”

丘吉尔笑笑：“夫人，如果我是你的丈夫，我就会把那杯咖啡喝下去。”

这里，丘吉尔给阿斯特夫人的是什么？是教训？是反击？是批评？什么都有。阿斯特夫人得到的是什么？是知识？是哲理？是醒悟？什么都有。

幽默是一种能力，有其天才性，但可以由后天而习得，主要是在后天的社会实践中培养和训练而形成的。只要我们坚持不懈，对自己的天赋进行磨炼和再造，并通过知识面的开拓，爱心的增强，才智的训练等，幽默就会降临到我们身上，我们就会成为幽默的创造者和传播者。

## 幽默的巨大功用是什么

在社会生活中，人们往往利用幽默的特殊作用，揭露和讽刺社会上的种种弊病，在笑声中擦亮人们的眼睛，在笑声中敲响生活的警钟。

幽默可以用于自嘲，但更主要的是用于讽刺别人；可以用于防御，但更主要的是用于进攻。幽默用于讽刺，用于进攻，用于挑衅，之所以比其他方法更显示出你的魅力和风度，是因为它不仅能以含蓄、婉转的力度达到最佳目的，而且在讽刺、攻击、挑衅时总意存忠厚，让人感到尖利而又不鲜血淋漓，让人觉得热辣而又不至灼伤。

奥多尔·冯达诺是19世纪德国著名作家。他在柏林当编辑时，一次收到一个青年作者寄来的几首没有标点的诗，随信说："我对标点向来是不在乎的，如用，请您自己填上。"冯达诺很快将稿件退回，并附信说："我对诗向来是不在乎的，下次请您只寄些标点来，诗由我填写好了。"

对浅薄者的批评，冯达诺是含蓄的，这样不至于伤害别人。

幽默是社会活动的必备礼品，是活跃社交场合气氛的最佳“调料”。它能增添人们的欢乐。轻轻拂去可能飘来的一丝不快，还能巧妙得体地摆脱自己或他人面临的窘境。

在待人处世中，一句风趣的话语，可改变人们的情调和心态。建构起特定的幽默氛围。

在一次宴会上，一个肥胖的资本家笑着对萧伯纳说：“哈啰，萧伯纳先生！一见到你，我就知道目前世界上正在闹饥荒。”萧伯纳不紧不慢地说：“先生，我见到你，就知道世界正在闹饥荒的原因。”

两人幽来默去，表义明确但含而不露，真是绝妙！

幽默还能巧妙地批评别人，可以软化自负或骄傲所给予的打击。

俄国著名的丑角演员杜罗夫，在一次演出幕间休息的时候，一个很傲慢的观众走到他身边，讥讽地问道：“丑角先生，观众对你非常欢迎吧？要想在马戏班中受到欢迎，丑角是不是就必须具有一张愚蠢而又丑怪的脸蛋呢？”

“确实如此！”杜罗夫回答说：“如果我能生一张像先生您那样的脸蛋的话，我准能拿到双薪。”

杜罗夫面对存心不善的人，反唇相讥，着实令其无地自容。

交往中幽默可平息矛盾，使对立变成和谐，紧张化为轻松。

一位车技不高的小伙子，骑车时见到前边有个过路的老人，连声喊道：“别动，别动！”那老人站住后，还是被他撞倒了。小伙子赶忙扶起不幸的老人，连连道歉。老人幽默地说：“原来你叫我别动是为了瞄准呀！”

由于有了幽默、洒脱的态度，矛盾被巧妙化解了。

幽默能使我们消除烦恼，化解痛苦，幽默还能美化、“乐化”我们的生活，增添生活的笑声，使生活变成五彩斑斓的世界。

青年人举行婚礼是人间美事，可这位小伙子用幽默使其婚礼锦上添花。

小伙子姓张，新娘姓顾，他借着两人的姓做了一次令人叫绝的恋爱经验介绍：

“本新郎姓张，新娘姓顾。我们尚未认识时，我是东张西望，她是‘顾’影自怜。后来我‘张’口结舌去找她，她说她已有所爱。我‘张’皇失措，劝她改弦更‘张’，她说现在只好‘顾’此失彼了。我大‘张’旗鼓地追求她，她左‘顾’右盼地等着我。认识久一点，我就明目‘张’胆，她也无所‘顾’忌。于是，我便请示她择吉开‘张’，她也欣然惠‘顾’。”

小伙子句句挂“彩”，调侃令人喜笑颜开。在这里，幽默是幸福之花，欢乐之果，是刚启封的美酒，是暖融融的春风。

幽默是一种修养，一种文化，一种艺术，一种润滑剂，一种兴奋剂。幽默的人在满足中获得前进的动力，绝不在抱怨中消弭自己的进取心。有幽默品质的人善于拨动笑的神经，笑天下可笑之人，容世间难容之事。

## 幽默是一种心理体验

什么是幽默？这永远是一个拉不直的问号。给幽默下定义的本身就很幽默。幽默是一种心理体验，通过言行解化而引人发笑。

我们不妨先看下面这个例子：

家里什么也没有，夫妻俩已三天没吃东西了。两人商量，把家里一只养了一年多的叫“阿黄”的狗杀掉了充饥。一家子坐在桌旁吃完了阿黄的肉，收拾桌子时，丈夫对妻子说：“如果把这些骨头给阿黄的话，它会多高兴呀。”

这个幽默对丈夫和妻子都是一种心理体验。丈夫的表达反映了其自嘲自慰、盎然生趣的开脱精神。妻子听了以后心里当然是苦涩的。但他们都不因为生活的艰难而沮丧，而是会心一笑，以微笑品味着生活的艰难。

幽默的心理体验是通过言行公之于众的，因此表达幽默有有声语言、书面语言、体态语言等手段。幽默的表达贵在自然，某些有做作痕迹的幽默虽然也能激起人们的兴趣，但给人留下的感觉绝不怎么好：人们会认为这些装模作样的幽默不过是哗众取宠。因此。富有幽默感，秉持着幽默禀性对于每个人是多么重要。没有这种素质的人一旦意识到幽默的重要性，必然会铤而走险，硬行施展生疏的幽默技法，结果当然很差，给人们的感觉简直与拿腔拿调、忸怩作态的小丑无异。

有时候，我们看到一个很幽默的人或者是一个著名笑星，尽管他并没有特意做出什么幽默的动作和表情，而随便一句普通的话也能使人感受到一股清新浓郁的幽默意味缓缓而来。

有一次，记者到冯巩家采访，冯巩夫妇并肩坐在沙发上。夫人显得很文静，把说话的机会都让给了笑星。主持人问冯巩的夫人叫什么，冯巩抢着说：“她叫爱卉，换过来说就是‘会爱’。”

“你儿子今天没在家，他长得像谁呀？”

“漂亮方面像我，聪明方面像她。”

笑星的应答灵活俏皮，逗人发笑。

幽默的自然性是和动作、姿态、表情的自然性融为一体的。在一次激烈的保卫战中，斯大林领导的苏联红军打退了敌人最后一次猖狂进攻，通信兵前来报告：“敌人正在撤退！”斯大林马上不假思索地纠正道：“不，敌人正在逃跑！”从斯大林那威严的表情和斩钉截铁的口吻中可以知道，他没有也无心幽默，但这两句话关键词语的换置却传达出了丰富的幽默内涵。

幽默的形成需要一种品质，即开朗乐观的人格；需要智慧，没有机智的幽默是盲人说瞎话，和尚念佛经，整个世界将黯然失色。机智的幽默，嬉笑怒骂，皆成文章。

## 幽默的至高境界

事事都求“自然天成”为好，幽默也是如此。有准备的幽默当然能应付一些场合，但难免有人工斧凿之嫌；临场发挥的幽默才更为技巧，更见风致。

1935年，在巴黎大学的博士论文答辩会上，法国主考人向陆侃如先生提了一个奇怪的问题：“《孔雀东南飞》这首诗中，为什么不说‘孔雀西北飞’?”陆侃如应声答道：“西北有高楼。”他巧妙地利用古诗十九首里的句子“西北有高楼，上与浮云齐”作为孔雀东南飞的理由。而对刁问能机智作答，其才智令人惊叹。

幽默不是深思熟虑的产物，而是机趣自然的结晶，往往与快捷、奇巧相连。

开往日内瓦的列车上，列车员正在检票。一位先生手忙脚乱地寻找自己的车票，他翻遍所有的口袋，终于找到了。他自言自语地说：“感谢上帝，总算找到了。”

“找不到也不要紧！”旁边一位绅士说，“我到日内瓦去过二十次都没买车票。”

他的话正巧被站在一旁的列车员听到，于是列车到日内瓦车站后，这位绅士被带到了拘留所，受到审问。

“您说过，您曾二十次无票乘车来到日内瓦。”

“是的，我说过。”

"您不知道，这是违法行为？"

"我不这么认为。"

"那么，无票乘车怎么解释？"

"很简单，我是开着汽车来的。"

这位先生真是有"把稻草说成金条"的本事。无可非议，他是无票乘车者，但他能巧妙地运用幽默为自己开脱，列车员能拿他怎么办？

临场发挥是一种技巧，更是一种心智，它需要我们有冷静的头脑，保持从容镇定，不慌不忙。在各种晚会、文艺演出中，许多主持人、演员临场应变，妙语惊人，给晚会欢乐气氛推波助澜，也赢得了观众的掌声和喜爱。

台湾歌星潘美辰在春节联欢晚会上以一曲《我想有个家》而走红大陆。在一次演唱会上，有位小伙子问她："能知道您的芳龄吗？"她回答："芳龄是女人的秘密，但我可以告诉你，你还有机会。"观众报以热烈的掌声。歌星的意思是：我还没有结婚，如果你有意，你也有机会。这是一句玩笑话，显示出歌星活泼开朗的性格与机智幽默的口才。

临场幽默贵在及时发现并抓住"触媒"，由此巧妙联想，得体发挥。

节目主持人崔琦机智幽默，在关键时刻能临场发挥。一个演员唱乐亭大鼓，鼓板没打几下，那鼓"砰"然落地，观众哗然。崔琦利用演员弯腰捡鼓的时候亲切地说："诸位，今儿个节目是临时加的，这位演员没来得及带自己的鼓，用的是别人的，看来这鼓有点认生。"真是语惊四座。接下来，一位杂技演员表演《踩蛋》时，不小心脚下的鸡蛋被踩坏了一个，观众全然看见，演员很不好意思地又换了一个鸡蛋，崔琦忙打圆场："为了增加艺术效果，证实鸡蛋是真的，所以演员故意踩碎了一个给大家看。"不巧的是，崔琦话音刚落，演员脚下又一个鸡蛋被踩碎了。观众马上转向主持人，这回看你怎么说。只见崔琦无可奈何地叹了口气，说："唉，社会上的伪劣产品屡禁不绝，看来不抓不行了——连母鸡都生产劣质产品！”

这幽默风趣，这不用回家现取的机智，令人钦佩，一时满座粲然。

## 幽默需要童心

幽默，切忌做作，出奇制胜更见精神。生活中，童稚的天真随处可见，孩子天真的幽默，浑然天成，全无造作感。

有一家人家决定进城里，在到处找房子。全家三口人，夫妻与一个五岁的孩子。他们好不容易找到了一家愿出租房子的主人，于是敲门，小心问道：“您可以把房子租给我们吗？”房东遗憾地说：“啊，实在对不起，我们不想租给有孩子的住户。”夫妻一听，不知如何是好。那五岁的孩子，从头到尾都看在眼里，幼小的心灵，大概拼命地在想，真的没法了？只见他又折回敲开房东的大门，精神抖擞地说：“老大爷，那个房间我租了，我没孩子，只有两位老人。”房东听了高声大笑。小孩因此租到了房子。

五岁的孩子没有什么谋略、没有什么炫耀，但就是这些巧妙的话里，蕴含着最大的幽默，体现着聪明才智。

幽默需要童心。在强大的理性社会中，不仅成年人的童心被泯灭，就是儿童也有成人化的趋势。这是一种悲哀，幽默呼唤童心长在。

老师问学生：“桌上有四只苍蝇，打死一只，还剩几只！”成人会说“三只”或“没有”，而学生则会说：“一只，就是被打死的那只。”儿童没有思维枷锁的限制，天真烂漫的童心使他们不知道什么叫作假。

儿童以他们特有的天真幼稚的心理及方式认识世界，解释世界，自觉或不自觉地陷入幽默的情境之中。

在历史课上，老师问：“谁知道罗马是什么时候建立的？”奥利娅举手回答说：“是在夜里建立的。”老师不解地问：“这是谁告诉你的？”“是您告诉我的，您说过，罗马不是一个白天就能建立起来的。”

女儿：爸爸，你教我拍皮球呀。

爸爸：我不会。

女儿：爸爸不老实，人家说你最能拍了。

儿子：爸爸，我们家的电风扇越用越好啦！

爸爸：怎见得？

儿子：刚买来时还只会摇头，现在还会点头呢！

教师：汤姆，比如你哥哥有 5 个苹果，你从他那儿拿走 3 个，结果会是怎样呢？

汤姆：结果他会狠狠揍我一顿。

爸爸：你说，1 加 2 等于几？

儿子：不知道！

爸爸：我跟你妈，再加上你，一共等于几个？笨蛋！

儿子：3 个笨蛋。

## 幽默的最大特点是不协调性

矛盾、奇巧、意外、反常、失败、错乱是幽默的必然属性，俗话说："理儿不歪，笑话不来。"

幽默不会产生于平庸与苍白之中，而是来自于意想不到的震撼。著名的幽默大师诺曼·N. 霍兰德认为，幽默的最大特点是不协调性。这是很有道理的。下面这则笑话最能说明这点：

某企业主意欲请某主教为其作一则广告。但他没有把话完全说明白，只是说请他去说教……

企业主首次出价10万元。

主教只是摇头，而不说话。

"30万。"企业主一下把价格提高到原来的3倍。主教依然是摇头不语。

"50万!"主教的头摇得更厉害了。

这时，一位神职人员走上前去，低声对主教说："主教大人，50万元可以办许多的事情啊！你为什么还不愿意呢?"

主教回答说："你知道他要我讲教完后说什么吗？他要我不说'阿门'而说'××可乐"。

企业主的要求很离谱，一个主教怎么能以商品广告来代替严肃的教语呢？正是这种不协调而产生了幽默。

同时，矛盾也可以产生幽默。

树上的两只苹果瞧着这个世界。其一道："瞧这些人打呀杀呀……总是不能和睦相处，说不定哪一天，这世界要由我们苹果来统治了。”

其二说：“交给我们，是交给红的还是交给绿的呢？”

从苹果的对白中，我们不难感到言行矛盾时而产生的幽默兴味。

奇异也可以产生幽默。新奇意外的表达可给人一种意想不到的感觉，让人倍觉突兀，幽默也由此产生。

有三位朋友同住在旅店的45层楼上。一天晚上电梯坏了，他们不愿意另换住处，于是一起爬楼。为了消除疲劳，其中一个人不断地讲笑话。好不容易爬到了43层，大家早已疲惫不堪，于是决定休息一下。这时讲笑话的人说：“现在该轮到你了，彼得。由你讲一个长一点的故事，情节要有趣味，最后来个使人伤心的结局。”

彼得于是说了：“故事不长，却使人伤心极了；我把房间钥匙忘在一楼大厅里了。”

这个故事的结尾让人倍觉意外，因而使幽默意味油然而生。

失败可以产生幽默。有一位哲人曾说：“幽默是自我满足时的微笑。”人们欣赏别人失败时总有一种优越感。

例如，一位男士为一位女士开了门。那位女士反而不客气地说：“如果你是因为我的容貌而开门的话，那你就打错了算盘。”

男士并不动怒，反而很有礼貌地回答：“太太，您误会了。我之所以为您开门，仅仅是尊重老人而已！”

我们之所以发笑，是因为感到了女士的失败，男士的胜利。

反常也可产生幽默。人类的思维一般是恒定一贯的，如果不守常规，一味反常，就会产生不协调感。

有一天，国王问阿凡提：“阿凡提，要是你面前一边是金钱，一边是正义，你选择哪样呢？”

“我愿意选择金钱。”阿凡提回答。

“你怎么了，阿凡提？”国王说，“要是我呀，一定要正义，绝不要金钱。金钱有什么稀奇？正义可是不容易找到的啊！”

“谁缺什么谁就想要什么，我的陛下。”

阿凡提的回答超出人们恒定的思维，可幽默的表达含义深邃，暗藏锋芒。

## 幽默要注意场合

幽默以其巨大的调笑功能而遍及不同语境，它能使人乐于接受真理，有助于融洽人际关系，能化尴尬为轻松，使批评取得良好的效果。但幽默也要注意场合，看准对象，适合时令，切忌粗俗。

某甲在吃人族地区旅行，在密林深处发现一间自助餐厅。那餐厅的房顶上有个价目表：炸传教士 30 元，红烧猎人 40 元，煎商人 50 元，烤政客 250 元。

某甲问何以烤政客那样贵？

“你可知道要花多少工夫才能把他们肚子里的肮脏东西清洗干净？”餐厅老板回答。

这个笑话对政客的挖苦真够厉害的了。它如果借以抨击腐败，增加调侃则未尝不可；但如果你把它讲在一些高层领导面前，且表达时又煞有介事，恐怕双方都难堪至极。

幽默有国度之别，受民族、时代、审美心理及历史文化传统的差异所制约。

法国巴黎的市场里有一位卖肉的商人，生意特好，原因是他性格开朗，语言幽默。

卖肉时他嘴里亲切地说个不停。

“您好！年轻人，吃点什么？来点烤肉还是小牛肉？我看还是吃小牛肉好，又嫩又香，吃了小牛肉的男人会特别健壮。您说呢？”被他称为“年轻人”的先生是一位60多岁的老人。一听到他这样亲切地招呼，心里就高兴起来，这一笑不要紧，似乎脸上的皱纹都笑得平展开来。当然，就多买了些小牛肉。

试想，这位摊主如果在我们国家里做生意也如此这般，那这位被称作“年轻人”的老人，一定会怒目相向，拂袖而去。

幽默要注意场合，一些庄重、严肃、悲哀的场合不宜随便开玩笑。

有一位夫人站在丈夫坟前正伤心垂泪，她原先的好友向她走来，说：“夫人，对于您丈夫的不幸亡故，我深感痛惜，对于您的不幸遭遇，我深表同情。不过，您不要难过，人死了就算了，不能去跟阎王争斗啊！再说，您不哭才迷人，一哭就满脸的双眼皮了！”

对这位友人的劝告，夫人气不打一处来，回答了两个字：“滚开！”

## 幽默具有无穷的魅力

幽默用它特有的魅力吸引着无数人，使人们为之倾倒。一个人，只要懂得了如何收集、开发、运用幽默的资源，就知道了如何面对纷繁复杂的人生。

有生活经验的人都会认识到以幽默面对人生困难的重要性。幽默几近于一种缓冲机制，它显然与对抗、失望、悲观无缘。幽默也近乎一种默契形式，它使人以友善、宽容、谅解、发展的眼光来看问题。它会使人以愉悦的方式表达人的真诚、大方和善良。它像一座桥梁拉近了人与人之间的距离，填补了人与人之间的鸿沟，是奋发向上者和希望与他人建立良好关系者不可缺少的东西，也是每一个希望减轻自己人生重负的人所必须依靠的支柱，我们来看下面这个有趣的例子：

一天，林肯总统身体不适，不想接见前来白宫唠唠叨叨谋求一官半职的人。但一个令人讨厌的家伙赖在林肯身边，准备坐下长谈。林肯非常厌烦，只是出于礼貌不想直接把他赶走。

这时，正好总统的医生走进房间。林肯急忙向他伸出双手，问道："医生，我手上的斑点到底是些什么东西？"

"那是假天花，就是轻度的天花。"医生说。

"我全身都有，"林肯说，"我看它是会传染的，对吗？"

那位来客听了这番话，忙站起来说道："好吧，我现在不便多留了，总统先生。我没有什么事，只是来探望您的。"

"呀，不必这么急急忙忙嘛！"林肯轻快地说。

"谢谢您，总统先生，我下次再来看您。"说罢，那个家伙朝门外头也不回地走了。

林肯借助医生进来的机会，巧妙地"吓"走了"客人"。

一般具有这种幽默感的人，都有一种出类拔萃的人格，能自信地感受到自己的力量，独自应付任何困苦的窘境。我们或许不能像林肯那样能言善辩，但我们确实也可以时时去应用幽默的技巧。

俄罗斯有一位著名的丑角演员尼古拉，他在一次演出的幕间休息时，一个很傲慢的观众走到他的身边，讥讽地问道："丑角先生，观众对你非常欢迎吧？"

"还好。"

"要想在马戏班中受到欢迎，丑角是不是就必须具有一张看起来愚蠢而又丑陋的脸蛋呢？"

“确实如此。”尼古拉回答说，“如果我能有一张像先生您那样的脸蛋的话，保准能拿到双倍的薪水。”

傲慢的观众本想借此为难一下尼古拉，却反受到尼古拉巧妙而机智的还击。

通常从某种意义上说，培养自己的幽默感，也就是培养自己的处世、生存和创造的能力。有较强生活能力的人，通常也是一个有影响力和感染力的人。

一个人是否有影响力，在一定程度上取决于他是否具有幽默感，是否掌握了幽默的艺术。

歌德有一次出门旅行，走进一家饭馆，要了一杯酒。他先尝尝酒，然后往里面掺了点水。

旁边一张桌子坐着几个贵族大学生，也在那儿喝酒，他们个个兴致勃勃，吵吵嚷嚷，闹得不可开交。当他们看到邻座的歌德喝酒掺水，不禁哄然大笑，其中一个问道：“亲爱的先生，请问你为什么把这么好的酒掺水呢？”

歌德回答说：“光喝水使人变哑，池塘里的鱼儿就是证明；光喝酒使人变傻，在座的先生们就是证明；我不愿做这二者，所以把酒掺水喝。”

一个掌握了幽默艺术的人，他的幽默语言和行为会一传十、十传百，成倍地扩展。如果幽默的语言行为中有他的思想、观点，那么就会使很多人来传播他的思想、观点。幽默的涟漪或效果一旦产生，他所要传达的信息也随即被他人接受。无论他人是反对还是支持，至少他已了解了你的想法，于是你的影响便由此而产生。

著名诗人惠特曼是一个富于幽默感的人，而且他的幽默常常具有攻击性。也许，正是这种富于攻击性的幽默，更增强了他的影响力。

有一次，惠特曼在一次大会上演讲，他的演讲尖锐、幽默，锋芒毕露，妙趣横生。

忽然有人喊道："您讲的笑话我不懂！"

"您莫非是长颈鹿，"惠特曼感叹道："只有长颈鹿才可能星期一浸湿的脚，到星期六才能感觉到！"

幽默是一门魅力无穷的艺术，只有精通这门艺术的人，生活中才能到处充满笑声，生命也才能因此变得更加精彩。

## 幽默蕴含着机变与灵感

现代生活中，一般人的生活形式是固定不变或在一段时期内固定不变的。所以，无论你是已经有影响的人，或者是想成为有影响的人，你都不能忽视幽默的艺术魅力。如对于工厂工人来说，上班、进车间、下班、回家——周而复始，除非他坐进办公室或换一个工种，才会发生变化。

但变化之后，随之而来的又是不变，这就是现代人普遍认为生活沉闷的外在原因。在这种总的生活形态背景下，人们不得不寻求变化，以摆脱沉闷感，如满足食欲、情感需要，进行社交，寻求娱乐等。

除此之外，对生活形态进行改造的另一个好方法便是培养和运用幽默的艺术。

在一次酒会上，马克·吐温说："美国国会中的有些议员是婊子养的。"

记者把马克·吐温的话公之于众，国会议员们大为愤怒，纷纷要求马克·吐温澄清或道歉，否则将诉诸法律。几天后，马克·吐温向联邦国会议员道歉的启事在《纽约时报》上登载了，文中说：

“日前本人在酒会上说有些国会议员是‘婊子养的’不妥当，故特登报声明，把我的话修改如下：美国国会中的有些议员不是婊子养的。”

表面上马克·吐温是在向那些国会议员们道歉，但是“有些国会议员是‘婊子养的’”与“有些国会议员不是‘婊子养的’”意义上并没有多大区别。

幽默的艺术主要在于它能制造不变中的变，使人把枯燥的工作看得有趣、轻松起来，从而使人不再感到沉闷。可以想见，充满欢笑的劳作不是折磨，而是一种愉快的运动。让我们来看狄更斯的幽默：

有一次，英国作家狄更斯正在钓鱼，一个陌生人走到他跟前问：“怎么啦，你在钓鱼?”

“是啊，”狄更斯毫不迟疑地回答，“今天，钓了半天，没见一条鱼；可是在昨天，也是在这个地方，却钓到了15条鱼!”

“是吗?”陌生人问，“那你知道我是谁吗?我是专门检查钓鱼的，这段江上是严禁钓鱼的!”

说着，那陌生人从口袋里掏出一本发票簿，要记下名字罚款。见此情景，狄更斯连忙反问：“那么，你知道我是谁吗?”

当陌生人惊讶之际，狄更斯直言不讳地说：

“我是作家狄更斯。你不能罚我的款，因为虚构故事是我的职业。”

狄更斯在这里用变而又变的手法，表现出了非凡的灵敏和机智。

幽默是一种生活艺术，是一种气质，是一种智慧的表现。幽默从机智出发，赋予机智以新的动力，同时也对幽默自身的意念、态度和手法产生影响。当机智在幽默中以其理性姿态出现时，则构成了机智性幽默。

聪明的讲说者还要把讲述的对象设计得过分愚笨，从笨拙中让听者体会到讲述人无穷的机智。如下面这则幽默：

一位英国旅游者游览挪威后，发现口袋里的钱只够买一张回家的船票了，乘船从挪威到英国只需两天的时间，因此，他决定乘船的两天里不吃任何东西。

第一天早晨他没去吃饭；午饭时，他仍旧躺在他的房间里。到了晚上开饭时，他饿极了，再也忍不住了，他想："即便饭后他们把我扔进大海里，我也要吃饭。"

吃饭时，他把侍者摆在面前的所有食物吃得一干二净，并做好了对付一场吵架的准备。

"把账单拿来！"他说。

"先生，账单？"侍者问。

"是的。"

"我们没有什么账单，"侍者回答，"在轮船上，一日三餐的费用已经包在船票里了。"

可以想象那位旅游者的懊悔。这里，旅游者、侍者都没有机智可言，之所以让人感到幽默，是因为讲述人的机智。

幽默是一种机变的灵感，是对生活的洞察，其中既有成功的、含蓄的喜悦，亦有失败的、委婉的伤悲；而掌握了幽默这种机变的灵感，就可以做到胜固可喜，败亦欣然。也唯有如此，才是真正地迈出了事业有成的第一步。

# 第二章　幽默的思维与表达艺术

在人们的精神世界里，幽默是一种不可缺少的特殊调料。它活跃在我们的细胞里，滋养着我们的情感世界，让我们的生活充满更多的笑声，变得更加丰富多彩。

## 突破常规的联想

幽默的思维最首要的一点就是突破常规，把不相干的几件事物硬拉到一起，制造出很强的反差，使人忍俊不禁，不笑都不行。

古往今来，类似这样突破常规的联想是比比皆是的，比如东施效颦、南辕北辙、郑人买履、买椟还珠、画蛇添足、掩耳盗铃、揠苗助长、刻舟求剑、守株待兔、邯郸学步之类的寓言故事，早已为我们所熟悉，不仅引发了我们由衷的欢笑，还给我们深刻的启示。

为什么能达到这样的效果呢？原因很简单，就在于它们的思维突破常规，违背了生活的常理，制造了强烈的反差。

就以《郑人买履》来说吧，那个郑国人去买鞋，先量了自己鞋的大小，再到集市上去买。买的时候才发现自己量的尺寸忘了带，于是他又急忙跑回家去取。等他再到集市上的时候，卖鞋的人已经收摊回家了。

别人都说："既然给你自己买鞋，为什么不把鞋穿在脚上试试呢？"

他却连连摇头，不同意。他是宁肯相信自己量的尺寸，也不相信自己的脚的。

像这样本末倒置的蠢人在我们身边只怕是不会有的，但创作这则寓言的人却偏偏想到了，这说明他的思维是偏离了正常的生活轨道的，而这样做，幽默感就产生了。

我们听到的大量的幽默都是这样创作出来的。如果我们拘泥于现实，不会、不敢做突破常规的大胆的联想，那么我们说出的话必定是沉闷的、乏味的，只是对眼前事物的客观描述。只有让自己的思维突破常规、别出心裁，才能出人意料地把互不关联的事物并列在一起，在与现实的强烈对比中让人笑出声来。

## 巧妙地把不同的事物拿来对比

事物之间的差异是客观存在的，但有些事物之间的差异会小一些，有些事物之间的差异会大一些，尤其是那些缺乏必然联系、不具备相同特征的事物之间的差异就更加显著。如果我们能把具有显著差异的事物拿来进行对比，幽默的效果就会非常强烈。

幽默的思维正是看准了这一特性，故意进行一些令我们难以想象的对比，把巧妙联想的功能发挥到了极致。

甲和乙去看球赛，甲突然想到了一个问题，就问乙："足球和水球都要守球门，你说哪个球门更难守些？"

乙微微一笑，回答说："依我看，哪种球门都没有后门更难守。"

守球门和走后门是完全不同的两件事，乙巧妙地把它们硬拉到了一起，进行了对比，并得出了结论，令我们不由得笑出来，同时又有力地抨击了走后门之类的不正之风，给手握实权的人敲响了警钟。

这就是典型的幽默思维，看似答非所问，实则有力地突破了眼前的现实，把话题引到毫不相干的地方，从而制造幽默的效果。

有一个人去买面包，他发现面包明显变小了，就问老板："前几天的面包那么大，今天怎么变得这么小？"

老板说："小有小的好处，拿起来不更轻松了吗？"

那人听罢，给了老板一个硬币，转身就走。老板急忙把他喊住，说："你给的钱不够。"

那人回头笑道："不够有不够的好处，你数起来不更轻松了吗？"

面包大小与付钱多少这两件事物之间虽有因果关系，但却是没有任何可比性的两件事，这则幽默巧妙地用"拿起来更轻松"和"数起来更轻松"把它们联系在了一起，同样表现出了突破常规的机智。

## 采取荒谬的逻辑

按照我们日常生活的正常逻辑，一就是一，二就是二，鲜花就是鲜花，臭虫就是臭虫，但幽默偏偏要否定眼前这铁一般的事实，故意采取荒谬的逻辑。

在幽默者看来，一可能不是一，二可能不是二，鲜花可能变成了臭虫，臭虫可能变成了鲜花，令人啼笑皆非，但却具有了很强的幽默效果。

我国古代有一个著名的诡辩家，叫公孙龙，他居然得出了"白马非马"的荒唐结论。虽说结论是错误的，但他却理直气壮地与人辩论，居然让许多人无法反驳。

他的逻辑是："马是一件物品的名称，而白是一种颜色，'白马'当然与'马'是不一样的，因此说白马不是马。"

这个结论是错误的，逻辑也是荒谬的，于是就形成了诡辩，产生了幽默。

幽默的思维是一种突破常规的思维，它所采取的逻辑思维方式自然也是与我们惯用的思维方式截然不同的。它对客观现实采取了否定的态度，它的逻辑推理过程也必然呈现出荒谬的特征。

有一个司令员，他的儿子养尊处优，不学无术，使他很伤脑筋。但让他得以安慰的是，他的孙子却学习用功，成绩很好，是班上的三好学生。

有一天，司令员把儿子训斥一番，儿子被训得很恼火，就找出一番歪理来为自己辩解。他对父亲说："我爸爸是司令员，而你爸爸不是；我儿子是三好学生，而你儿子不是；你爸爸比不上我爸爸，你儿子比不上我儿子，你还有什么资格来训斥我呢？"

此言一出，顿使司令员瞠目结舌。儿子的话表面听来似乎很有道理，但细细一想。就发现他采取了荒谬的逻辑，得出了一个错误的结论，形成了诡辩。

由于诡辩采取了貌似正确的推理过程，表现了过人的聪明才智，因此要想有力地驳斥它，往往不是一件容易的事情。公孙龙的"白马非马"结论之所以被人们津津乐道，就是荒谬逻辑中的诡辩智慧在放射着光芒。

幽默大师们把荒谬逻辑有意运用到了自己的幽默中，把不可能的事实当作真实的事情来述说，让人惊异于他们不同凡响的联想，引起了我们的欢笑。

马克·吐温曾经向人描述过一件充满荒诞色彩的事情。据说他有一个孪生兄弟，和他长得完全一样，他们身边的人包括他们的父母都无法把他们分辨清楚。可惜的是，在一次洗澡中，他的那个兄弟不慎淹死了。

由于他们长得太像了，所以就没有人能搞清淹死的究竟是兄弟中的哪一个。

于是马克·吐温就向别人这样讲："大家都认为活下来的那个人是我，但事实恰恰相反。在浴缸里淹死的那个才是我，现在活着的这个人其实是我弟弟。"

这种说法是多么荒唐啊，他故意采取了荒谬的逻辑，一本正经地否认自己在现实中的存在，让人觉得十分好笑。

幽默的思维超出了常规，就往往会发展到荒谬的地步。但必须指出的是，幽默者本人并不荒谬，他们使用这种思维方式，只是为了更好地达到幽默的效果。他们在某些时候表现得强词夺理，正是幽默思维在他们身上的具体体现，我们只会感到欢乐，但却不会认为他们的脑子出了问题。

## 多侧面、多角度地思考问题

站在一个固定的立场上，我们看到的事物就是一成不变的。我们看到的，别人也能看到；我们要说的话，别人也已经想到了，幽默就无从谈起。

要想使自己的思维突破常规，达到幽默所要求的高度，我们就必须做到从多个侧面、多个角度去思考问题。只有这样，我们的思路才会开阔，思维才会活跃，才能把眼前的事物换个角度、换个立场来讲述，给人以耳目一新之感，幽默才有产生的可能。

家里来了一个客人，鼻子长得很大。这家有个小孩，看见客人的大鼻子，立刻叫了出来："大鼻子！"

这种不礼貌的行为使主人显得很难堪，但已无法挽回。幸好客人是个幽默感极强的人，他并没有生气，而是对小孩和蔼地说："那么你就叫我鼻子叔叔吧！"

主人、客人都笑了。

如果不能换个角度来思考问题，客人一定会在小孩的不礼貌言行面前十分尴尬，使友好的气氛荡然无存。由于他幽默地肯定了小孩的说法，才使友好的气氛进一步发展下去。

类似这样的事例是很多的。当我们在生活中遇到难堪的局面时，就应该从多个侧面、多个角度去寻求解决的办法，使自己的思维向多个方向发展，直到找到一个既机智又幽默的表达方式，使自己摆脱困境。

有一个乡下人进了城，遇到了一个妄自尊大的城里人。城里人就想把乡下人奚落一番，于是就故意问道："老乡，请问你有几个令尊?"

乡下人明知对方在戏弄自己，却故意反问："令尊是什么?"

城里人得意了，这个乡下人果然好糊弄，于是就想进一步戏弄他，说："令尊就是儿子的意思啊。"

乡下人毫不迟疑地接上他的话说："噢，我明白了，那么请问您有几个令尊?"

城里人没想到乡下人竟问出这样的话来，一时间竟不知如何回答。乡下人见状，故意做出关心的样子，安慰他说："原来您竟没有儿子。我倒是有两个儿子，可以把其中的一个过继给您当令尊，您意下如何?"

城里人窘得面红耳赤，只好狼狈地溜走了。

乡下人在城里人的挑衅面前，没有恼羞成怒，没有畏缩退避，而是开动脑筋，从另一个角度找到了反击的办法，用幽默的语言使城里人知难而退，有力地维护了自己的尊严。

我们常说："天有难测风云，人有旦夕祸福。"灾难的发生是我们都不愿看到的，但如果发生了，我们也没有必要悲观失望。只要我们换个角度去想想，就会从灾难中发现幽默的成分，在笑声中振作起来。

幽默大师们轻描淡写的一句话就能使我们笑起来，殊不知，在这背后，他们曾经做出过多么艰苦的努力，才具备了超越常规的幽默思维，练就了脱口而出的幽默语言。

# 大智若愚的智慧

幽默的思维还有一个显著的特点，就是大智若愚。无论多么充满智慧的话语，都要用轻描淡写的态度和故作糊涂的方式表达出来。

这就要求我们，在思考问题、处理问题的时候，不能采取直截了当的方式，必须在脑子里多转几个弯，把要表达的意思隐藏在平淡的话语中，使人感到韵味无穷，必须深思之后才能体会话中的深义。

有一个小男孩，一向是很机灵的，当然也是调皮捣蛋的。为了解决他身上存在的问题，促使他在学业上取得更大的进步，父母专门请了一个心理学家来考察他。

在谈话的过程中，心理学家提出了一个问题，以考察他的知识面宽不宽。心理学家问："你说说看，《战争与和平》是谁的作品？"

小男孩慢条斯理地回答说："我不可能知道的，我才这么一点年纪，怎么会去读托尔斯泰的书呢？"

小男孩的回答就是典型的大智若愚，他坦承自己不可能知道，但事实上他却已经把这个问题的答案准确地回答了出来。心理学家就此得出结论，这个孩子已经初步具备了幽默的素质，具有较高的聪明才智，未来的发展前途不可限量。

确如心理学家的预言，这个小男孩在长大成人后组建了一家遍布全世界的大公司，成为赫赫有名的人物。

可见，幽默的思维本身就是一种智慧，一种创造，一种优美、健康的品质，一种超凡脱俗、宽容大度的性格。我们要想得到幽默感，就必须使自己变得“糊涂”起来。

郑板桥是我国古代著名的书画家，他嬉笑怒骂，游戏人生，并且还为自己书写了“难得糊涂”的座右铭，作为他为人处世的宗旨。他是真的糊涂吗？不是的！他的聪明才智在当时是出类拔萃的，但他却始终以大智若愚的姿态出现在世人面前。

## 有意掩藏自己的智慧

虚荣心很强的人唯恐别人不知道自己的高人一等，总要夸夸其谈，把自己吹得天花乱坠，结果他们在世人的心目中轻如鸿毛。幽默感很强的人却往往把自己智慧的光芒掩盖起来，以一副愚蠢的面目出现在大家面前，有时还要故意说些傻话，逗得大家前仰后合，但却没人会以为他们是傻瓜，相反大家都会为他们的智慧所倾倒。

美国总统林肯就是这样的人。有一次，一位外国使者前来拜见他，正看见他在细心地擦着自己的靴子。

这个使者非常惊讶，不由得发自内心地赞扬道：“啊，总统先生，您太伟大了，您总是亲自擦自己的靴子吗？”

“不错，”林肯笑着回答，“那么，你平时都是擦谁的靴子呢？”

表面上看，林肯的回答是愚蠢的，他怎能不知道，对方的问话是什么含义呢？但他却故意在“擦自己的靴子”与“擦谁的靴子”上装糊涂，给对方来了个机智的幽默。

把自己的智慧掩盖起来，故意对相当明显的事实视而不见，让自己的思维在看似愚蠢的地方寻找突破点，说出的话就会很有情趣，让人忍俊不禁。

英国首相丘吉尔也有类似的表现。一次，他的政治对手阿斯特夫人恶毒地对他说：“如果我是您的夫人，我一定会在您的咖啡里放进毒药。”

丘吉尔听了，不动声色地说：“如果我是您丈夫，我一定会把这杯咖啡喝下去。”

喝毒药，是每一个正常人都不会做的，但丘吉尔却表示他会“喝下去”，是不是很蠢呢？别忘了，他还有一个前提，“如果我是您丈夫”，也就是说，他是不会喝的，应该喝的人是对方的丈夫。这就有力地回击了对方的挑衅，展现了大智若愚的高超智慧。

台湾著名诗人余光中也是非常幽默的，他才华出众，反应敏捷，平时和朋友闲谈，常能用幽默的语言来展现自己的才能。

有一次，散文家思果谈起一件事情，说他们的另一个朋友高克毅在飞机场送人时，竟用西方礼节吻了两个女士的脸颊。

思果说完，感叹不已，说：“怎么可以这样？怎么能当众拥吻人家的太太？”

余光中听了，就接上去说：“当众不能吻人家太太，难道要私下做吗？”

众人一起大笑。

思果的意思是反对“吻人家太太”，而余光中却来个故意糊涂，理解成“既不能当众，就私下做”，从而造成了很强的幽默效果。

故作糊涂，并不是真的糊涂。明明聪明过人，却故意掩盖起来，以一副愚者的面貌出现，正是高度智慧的表现。要在片刻之间让自己的思维达到此般境界，是必须让自己的大脑处于高度活跃的状态才能做到的。

我们常说这样一句俗话，“一瓶水不响，半瓶水晃荡”，褒扬是一种谦虚的美德。大智若愚的幽默思维也恰恰展现了这种美德，因此从这个意义上说，幽默就是一种高贵的美德，是需要我们在运用的过程中，把高尚的人品完全展现出来的。

## 模仿孩子的思维方式

童言无忌，孩子们说出的话是天真的、幼稚的，反映了他们对客观世界的真实认识。虽说他们的认识比较肤浅，往往停留在事物的表面，但由于他们的思想中没有成人过多的忌讳，脱离了成人的固有思维模式，因此常常能够说出一些妙趣横生的话来，逗得我们大笑不止。

有一个老师给学生讲解“巧合”这个词，讲解完词的意义后，他又让学生联系实际，说说在生活中有哪些巧合的事情。

有个学生站起来说：“老师，我爸爸和妈妈在同一天结婚，这是多么巧合的事啊！”

学生这样的理解怎能不让我们捧腹大笑呢？但在他们的头脑里，这样的认识却是正常的。这就是他们的思维模式，虽说偏离了日常生活的正常轨道，但却具有了突破常规的奇思妙想，完全符合幽默的特征。

父亲带着孩子去划船，船漏水了，父亲一筹莫展。

孩子问爸爸：“爸爸，你怎么不高兴啊？”

父亲说：“船头漏了那么大个洞，水一个劲地往船里流，我怎么高兴得起来呢？”

孩子说：“这有什么难办的呢？再在船尾凿个洞，水不就从那里流走了吗？”

在船面临沉没危险的时刻，孩子丝毫意识不到事情的严重性，仍旧保持着惯有的思维方式。而他提出的办法又是多么的可笑啊，如果不是事出紧急，父亲也一定会被他逗得开怀大笑的。

孩子的思维往往出其不意，是因为在他们的思维模式中，还加入了较多的想象成分，他们乐于按照他们自己的想法，去解释自己看到的一切事物，因此就造成了幽默的效果。虽说孩子的这种幽默是无意形成的，但却给我们有益的启示：我们只要模仿孩子的思维方式，不就可以轻易地达到幽默的目的了吗？

有许多幽默者就是选择了这样的方式，形成了他们特有的幽默语言。前面所举的那些大智若愚的幽默事例，大都是这样形成的。使自己保持一颗童心，用孩子式的思维压倒我们平时惯用的思维模式，幽默就会自然地产生了。

马克·吐温坐火车的时候，又犯了丢三落四的老毛病。列车员来查票了，他却怎么也找不到自己的火车票。

好在列车员是认识他的，看他在口袋里到处乱翻，就说算了，不用再找了。马克·吐温却说："不行，我一定得找到它，不然的话，我怎么知道我要到什么地方去呢！"

此言一出，满车乘客都不由得大笑起来。

幽默大师居然不知道自己要到什么地方去，这不是太逗了吗？

在这里，马克·吐温只不过模仿孩子的思维方式，幽默了一回罢了。

## 傻言傻语，妙趣无限

有意抛弃我们固有的理智思维模式，而采取幼稚的、愚蠢的、让人不可思议的思维模式，说出一些傻言傻语，所带来的是妙趣无限的幽默语言。

能够做到这一点的人，胸怀必定宽广，他们不会为了一时一事的得失而斤斤计较，也不会为了虚名、钱财、权势而四处钻营，他们心态平和、淡然处世，才能时刻保持一颗金子般的童心，以纯真的心灵来面对这个物欲横流的社会，用故作糊涂的傻言傻语，给大家送来欢乐，给社会带来纯净。

罗西尼是意大利的著名作曲家，在国内拥有大批热情的追随者。有一次，他听说那些富有的追随者准备集资为他塑一座雕像，他很是感动。但当他知道塑像的钱竟达到1000万法郎之巨时，他惊呼道："天啊，1000万法郎！如果他们肯给我500法郎，我情愿亲自站在雕像的底座上！"

在这里，罗西尼是爱钱吗？不是的，如果他需要钱，他的那些追随者会把大量的金钱给他送来。他用这样的傻言傻语，所要表达的是对用巨资给他塑像的不以为然，他认为完全没有这个必要，才用这种方式表示了反对。

在故作愚蠢的背后，表现的是一种超常的幽默思维和过人的高超智慧。这种思维模式在几乎所有的幽默语言中都得到了一再的运用，为我们的生活增添了无限情趣。

有一个人十分健忘，回到家里，吃完饭后，他忽然想起今晚要做一件非常重要的事情，但到底是什么事，他却怎么也想不起来了。

于是，他绞尽脑汁，挖空心思，一个劲地苦想，直想到深夜十二点，他一拍脑门，终于想了起来："哦，我知道了，今夜我打算早点上床睡觉。"

这个人是够傻的了，然而讲述这个幽默小故事的人却一点都不傻，他有意用这样的傻言傻语，给大家制造了欢快的气氛。

从前，有一个很怕老婆的人，一次他悄悄吃了家里的一盒年糕，结果却被老婆狠狠骂了一通，并罚他跪到三更才睡觉。

他心里很是苦恼，于是就在第二天去找算命先生给自己算算命。

算命先生问："请问贵庚多少？"

他一听，算命先生真神呀，连我罚跪的事都知道啊，就赶忙回答："没有跪多久，只跪到了三更。"

算命先生知道他听岔了，就换了个问法，说："我不是问这个，我是问你年高几何？"

他顿时气愤起来，嚷道："我还敢偷吃几盒？只不过吃了一盒。"

这是个小笑话。其中的人物对话也够得上傻的标准了，因此足以让我们大笑起来，把烦恼丢到一边，心情开朗起来了。

# 社交中的幽默

在生活中，在工作中，我们总要与各种各样的人打交道，与他们进行感情的沟通和交流，和他们一起完成复杂的工作。社会交往对我们来说是非常重要的，我们都是社会性的动物，不可能离开人群，去过隐逸式的生活，因此掌握熟练的社交技巧，在各种社交场合都能应付自如，用自己的魅力赢得别人的敬重，就显得特别重要。

有人群的地方就有社会交往，有社交的场合就有幽默的用武之地。幽默在社交中的作用是不容低估的，它是人际关系的润滑剂，能在社交场合营造出欢快的笑声，使人们之间的心理距离得以有效缩短，增进了我们与别人之间的友谊。

现代社会是个广泛合作的社会，只有在广泛合作的基础上，我们的生活才会丰富多彩，我们的事业才能向前发展，我们的社会才能不断展现新的风貌。因此我们必须高度重视自己的社会交往，这就意味着我们必须高度重视自己的语言表达，尤其是在社交中的幽默表达。

既然幽默在社交中的作用如此巨大，那么是不是我们在任何时候、任何场合都要幽默呢？显然不是的。有些人片面夸大了幽默的功用，误以为只要把大家逗得大笑，就能使自己成为社交中的明星，于是就在社交场合一味地耍贫嘴，油腔滑调，反而使人厌烦。

王朔小说的语言是幽默的，里面的人物都是幽默的好手，但在有些篇章里，那些人物却整天无所事事，拿一些生活琐事油腔滑调，说得太多了，反而不吸引人了，无法再让人笑起来了。

相声的语言是很幽默的，也能赢得大家的笑声，但有的相声缺乏内涵，只是相互拿对方取笑，结果也得不到大家的欢迎。相声大师侯宝林把这种相声批评为“胳肢人”。

社交中的幽默也是如此，不分场合，不分地点，只为把人逗笑，恨不得去“胳肢人”，即使能让大家笑一笑，也是暂时的，给别人留下的印象也不会是多么美好的。

社交中需要幽默，但这种幽默又必须恰当、及时、富于情趣，才能充分展示自己的人格魅力，使自己成为社交场合的佼佼者。

## 幽默要看对象

在社交中，我们所面对的人是形形色色的，有男有女，有老有少，他们有不同的兴趣和爱好，具有不同的文化修养和身份背景，如果我们不能根据他们的各自特点，有针对性地说出恰当的话来，那么必将招致他们的反感，使我们成为不受欢迎的人。

如果我们能懂一点幽默的技巧，说几句风趣的话，对活跃气氛当然是有帮助的。但假如我们选错了幽默的对象，在不合适的场合说了出来，同样是会适得其反，令人啼笑皆非的。

小周去参加一次宴会，去得迟了，就显得有些匆忙。他急急坐下，刚好看见烤乳猪就放在自己的面前。他非常高兴，这可是他最爱吃的东西啊，于是他脱口而出，说道：“运气真不错，我能坐在乳猪的旁边。”

话刚落音，他就发现有些不妙，身边有个胖胖的女士正向他怒目而视。他知道说错话了，忙解释说：“我不是那个意思，我说的是那只烧好了的。”

不解释还好，越解释越乱，那个胖女士当即大怒，就和他吵了起来。

这就是说话不看对象所造成的恶果。我们都知道小周的话中并没有讽刺、嘲笑胖女士的意思，但听在胖女士的耳里，却很不舒服。他又词不达意地解释了一番，更增加了误会，使自己在社交场合形象扫地。

当然这只是一个小笑话，但却足以让我们警醒过来。我们一定要从中吸取教训，在和别人交往的过程中，根据对方的具体情况，来选择恰当的幽默，来表达自己和对方亲近的愿望，融洽双方的关系。

苏加诺到我国访问，去给学生演讲，他满面春风地说道：“同学们，我想请各位向前移动几步，我更愿意靠近你们。”

短短的一句话，就拉近了双方的距离，引起了学生们感情的共鸣，博得了大家的好感，使演讲最终获得了成功。

根据我们遇到的人的具体情况来进行幽默，就能使幽默真正起到“人际关系润滑剂”的作用。不过在许多场合，尤其是在与对方初次相见的情况下，我们对对方的底细缺乏了解，往往不知道说什么话、进行什么程度的幽默才合适，这就对我们的个人交往提出了挑战。

在陌生人面前缄默不语是很不礼貌的，但如果不慎说错了话、造成了不良影响，就不仅仅是不礼貌，简直就是巨大的错误了，在以后的场合再要想办法挽回，都是难上加难了。

那么就没有办法了吗？不是的。善于幽默的人都知道幽默有一个原则，那就是与人为善，如果不能拿别人来开心，那么就拿自己来自嘲，同样能达到活跃气氛的目的。

漫画家方成名气大了，就有人向他求字，他不便拒绝，就谦虚地写道：“平时只顾作画，不知勤习书法。提笔重似千斤，也来附庸风雅。”另一朋友也来求字，他又写道：“没正经临过帖，动笔歪歪斜斜，横不像横，撇不像撇。谁敢要，我敢写。”同样是根据自己所交往的对象，来进行恰如其分的幽默，都收到了很好的效果，展现了他高雅的情趣和平易近人的个性。

## 幽默要分场台

我们在社交中发挥自己的幽默才能，必须视当时的环境和气氛而定。如果不分场合地随意幽默，也许能让大家乐得前仰后合，但笑过之后，现场的气氛就会发生变化，别人很可能会把你当作小丑来看待。

比如在大家正吃饭的时候，你偏偏把“上厕所方便”之类的事情拿来开玩笑，别人会认为你不识相；在别人家有丧事、大家都伤心的情况下，你偏偏要大声谈笑、不停地幽默，别人定会认为你的脑子有问题。

该幽默的时候才幽默，不该幽默的时候千万要谨慎自己的言行。由于幽默不当而给自己造成不利影响的事例是很多的，我们必须牢记在心。

> 有个外地人到了北京，去坐公共汽车，人很多，他费了很大劲才挤了上去，但车门一关，却把他的屁股夹住了。
>
> 他急得大叫起来：“售票员，夹住我的腚了，夹住我的腚了。”
>
> 售票员急忙开门，把他拉上车来，同时好心地纠正他的说法：“同志，咱们北京人不叫腚，叫屁股。”
>
> 过了不久，车到站了，售票员就喊道：“安定门到了，安定门到了。”
>
> 外地人立刻纠正售票员，说：“同志，您说错了，应该是‘安屁股门’到了。”

外地人的说法确实是幽默的，能逗得人大笑起来，但在公共汽车这样的公众场合，说出“安屁股门”之类的话，总使人觉得粗俗，表现了他的文化素质不高，是体现不出个人所具有的高雅情趣的。

我们在社交场合之所以要施展幽默，是为了达到活跃气氛、展现个人魅力的目的，如果仅仅为了逗大家哈哈一笑，把自己当作小丑一般，对我们的人生又有什么意义呢？

我们不欣赏“胳肢人”的相声、小品，同样也不欣赏在社交场合像小丑一样上蹿下跳、意在“胳肢人”的滑稽表演。

请看音乐家勃拉姆斯是如何展示自己的幽默才能的吧。

勃拉姆斯的乐曲抒情性比较强，有一大批年轻女士对他倾倒不已。这天，他被一群年轻女士包围了，她们向他问这问那，使他心烦意乱，他很想离开她们，但就是摆脱不了。

无奈，勃拉姆斯取出一支雪茄，抽了起来。浓烈的烟味在室内飘荡，女士们受不了了，就抗议说："绅士是不应该在女士面前抽烟的。"

勃拉姆斯喷出一口更浓的烟雾，然后悠然自得地说："女士们，哪儿有天使，哪儿就一定祥云缭绕。"

勃拉姆斯的话是非常幽默的，是针对当前的具体环境而说的，他把女士们当作了"天使"，而把自己喷出的烟雾当成了"祥云缭绕"，多么贴切，又多么机智啊。

在一定的场合用一定的幽默语言来表达，这是在社交中发挥幽默功能的成功法宝之一，只有做到了这一点，我们才能在各种社交场合都左右逢源，获得良好的人际环境，得到广泛的尊重。

## 社交中的尴尬要用幽默来化解

在社交场合，由于自己的不慎，有时我们会使自己处于比较难堪的境地；或者我们遇到了缺乏教养的人、不怀好意的人、对我们有敌意的人，致使我们陷入比较尴尬的困境，在这种情况下，如果我们抽身而退，固然可以逃离困境，但当了逃兵，总是不光彩的，也会给自己日后的社会交往带来消极的影响。

有经验的人都会告诉我们，遇到这种情况，只有自己才能救自己，用自己的智慧来展示自己的幽默口才，三言两语就能使自己摆脱困境，维护自己的尊严，给对方以有力的回击，从而也把自己的人格魅力充分展现了出来。

林肯长相很普通，有一次在一个公开场合，有人对林肯说：

“你长成这个样子，还出来干什么？不如躲在家里别出来。”

这话自然是很不礼貌的，但林肯只是淡淡一笑，回答道：“很抱歉，我这是身不由己。”

“身不由己”是就他的长相来说的，天生如此，他也没有办法。大家听了，都笑了起来，难堪的局面就过去了。

号称“无冕之王”的记者是非常擅长给名人们制造麻烦的，有许多名人都曾面对过记者的刁钻提问，有无法下台的烦恼。如果应对不慎。就会使自己的形象大受影响，这是显而易见的，但那些充满智慧和才学的名人们却八仙过海，各显神通，给我们留下了不少风趣的故事，给我们许多启示。

相声大师侯宝林到美国去访问，美国记者自然不会放过他，提出了一个很刁钻的问题，来刁难侯宝林：“里根是演员，当了美国总统；你也是演员，你在中国也可以像里根这样吗?”

这个问题可不好回答，既不能答“可以”，也不能答“不可以”，只见侯宝林稍一思索，就回答道：“我和里根不一样，他是二流演员。”

侯宝林的回答妙不可言，既回避了做简单的“是”与“否”的回答，又充分肯定了自己的演艺才能，含而不露，令对方无懈可击。

类似这样的难堪局面总是突如其来，让人无法提前加以防范，但幽默感强的人却往往能轻松过关，给我们留下了许多逸闻，使我们津津乐道。

著名诗人普希金也曾遇到过类似的难堪场面，但他同样用自己的幽默机智地化解开来。

那还是他年轻时候的事了，那时他并没有出名。一天，他在彼得堡参加一个公爵家的舞会，当他邀请一个年轻漂亮的贵族小姐跳舞时，那个小姐竟对他不屑一顾，冷冷地对他说：“我是不会和一个小孩子跳舞的。”

这话令普希金很难堪，但他没有生气，而是微笑着对那个小姐说："对不起，亲爱的小姐，我不知道您正怀着孩子。"

说完，普希金很有礼貌地向那个小姐鞠了一躬，然后离开了舞厅。

普希金用自己的幽默回击了贵族小姐的傲慢无礼，捍卫了自己的人格尊严，使自己在社交场合赢得了胜利。

类似的事情还发生在萧伯纳身上。有一天，一个社会地位显赫、狂妄自大的太太向萧伯纳发出了请帖，想邀请萧伯纳到家来做客。

请帖是这样写的："星期四下午四点到六点，我将在家。"

萧伯纳对她一向是敬而远之的，绝对不会前去拜访她，于是他在请帖底下添上简短的一行字："我也一样，萧伯纳。"然后就派人将请帖给那位太太送了回去。

不明着拒绝对方的邀请，而是声明自己也将像对方一样待在家里，拒绝赴约的意思已经一目了然了，这样的幽默同样显示了萧伯纳在社交上的智慧。

在各种不同的社交场合，迅速摆脱自己所处的不利处境，活跃气氛，赢得尊重，都是离不了幽默的独特作用的。由于社交中突如其来的事情比较多，许多不曾预料的情况都会发生，因此要想使自己在社交中成为明星，是要有过人的智慧和极其敏锐的反应能力的。

俗话说，"要在游泳中学会游泳"，我们也只有在社交中才能学会社交，在幽默中才能学会幽默。大胆地去实践吧，不经过实践的检验，我们就无法把自己的幽默运用得更纯熟，就无法通过社交为自己拓宽生活的道路。

# 工作中的幽默

我们都有自己的工作，有的工作比较固定，按部就班，有的工作却变化较大，自由度较高。尽管工作的类型是千差万别的，但却都是需要我们付出智力和体力才能完成的，工作中的每一点成绩，也都是我们心血和智慧的结晶。

我们离不开工作，是因为工作是我们的重要谋生手段之一，除了个别腰缠万贯的富豪之外，我们这些普普通通的人是没有一个敢于把工作排除在自己的视野之外的。

除了谋生外，工作还是我们成就事业、实现个人人生价值的重要手段，只有在工作中做出了成绩，我们才能得到社会的承认和人们的尊重，成为人生路上的佼佼者。

但在工作中做出成绩却又是很不容易的事情，我们面对的许多工作都不是凭我们一人之力就可以完成的，需要我们与自己的领导、同事一起合作，汇聚大家的力量，才能获得成功。

我们既要在工作中独当一面，把自己所承担的任务出色完成，又必须和大家分工合作，把本部门、本单位的事业共同推向前进。在这个过程中，如何更有效地与领导、同事友好相处，营造一个友好的工作环境，就成了我们事业成功的关键所在。

融洽、和谐的工作气氛能否出现在我们身边，幽默是发挥着相当重要的作用的。如果我们能恰如其分地运用幽默，就能使我们所处的环境时刻保持着一种欢快、轻松的气氛，大家心情愉快地工作，关系融洽地一起做事，有了难处大家一起分担，有了成绩大家一起分享。如果我们能够拥有如此美好的工作氛围，做出成绩、取得事业的成功就是迟早的事情了。

## 改变工作的滋味

对我们来说，工作一般都是繁重的，而且还有一些工作是比较枯燥的，日复一日地重复，让我们心力交瘁，痛苦不堪。如果有了幽默，这种痛苦的感受就会减轻不少。

对普通人是这样，对那些手握实权的领导来说同样如此，尤其是那些国家元首，由于肩负着沉重的责任，更感到无法轻松起来。请看下面的事例：

有一次，美国总统林肯与他国总统在白宫相会。那个总统个子很高，两个人站在一起，就像两根垂直竖起的炮管，高高挺立。

林肯就笑了，说："没想到您的个子比我还高，怎么样，当总统的滋味还好吧？"

那个总统笑着反问道："您说呢？"

林肯风趣地说："我觉得每天都像吃了火药，总想放炮！"

林肯的话是很幽默的，他说出了自己在工作中的感受，就是光想发脾气，"总想放炮"。而"放炮"的意思又是由个头像炮管联想来的，充分展现了他的幽默才能和个人魅力。

确如林肯所言，有时候工作的滋味确实很不好受，尤其是在万事不顺的情况下，胸中憋满了怨气，恨不得见了谁都"放炮"。如果我们能像林肯那样，恰如其分地幽默几次，那么我们就会在笑声中使自己的心情好转起来。

著名诗人余光中平时的工作很忙，忙得居然连读诗的时间都没有，这实在是一件痛苦的事情。

且看他是如何说的吧："到目前忙着写诗、译诗、编诗、教诗、论诗，五马分尸之余，几乎毫无时间读诗，甚至无时间读书了。"

他诉说自己的苦恼，没时间读诗，也没时间读书，却使用了谐音的方法，"尸""诗"同音，"五马分尸"表明自己的时间完全被诗"瓜分"了。通过这样的幽默使自己的身心放松放松，工作在自己的眼里就又变得情趣无限了。

幽默可以改变心境，当我们的心情好转之后，再来看身边的工作，感受就会完全不同了。工作又会成为我们每天不可缺少的重要功课，就像一日三餐一样，我们会把它品尝得有滋有味。心情改变之后，思维就会开阔，反应就会敏锐，工作中许多难题往往就会迎刃而解了。

## 在工作中有所创造

在工作中出现分歧是难免的，即使大家都是为了更好地开展工作，但由于所处的立场不同、看问题的角度不同、思维方式不同，就造成我们在工作中采取了不同的策略和方式。也许这些策略和方式各有所长，也许只有某一人的是最符合实际的，但却没有必要把这些都一一付诸实践，去进行检验。

为了工作更有效地开展，我们必须学会在工作中消除分歧，说服对方接受自己的观点，按照自己的方式去完成工作。

对我们普通人来说是这样，对科学家来说也同样如此。要想在科学上有所创造，就必须提出新的观点，并使自己的新观点被别人所接受。在对方无法理解的情况下，是无法强行要求对方接受的，因此必须通过机智的语言来说服对方，而幽默在其中往往发挥着关键的作用。

著名物理学家牛顿是个虔诚的基督教徒，他坚信是上帝给了地球"第一推动力"，而他的好朋友、天文学家哈雷却是个无神论者，对他的观点给予了有力的反驳。

现在的科学已经证明牛顿的认识是错误的，但在当时的科学发展水平下，两人经过多次争论，竟谁也无法说服谁。毕竟牛顿更聪明一些，他终于想出了一个办法，使哈雷也站到了他的立场上。牛顿经过精心设计，制作出了一个太阳系模型，中央是太阳，四周的行星围绕着太阳有序地排列着。模型上还有一个曲柄，用手一拉，行星们便按照自己的轨道转动，既美观，又和谐，妙不可言。

这天，哈雷来到牛顿的工作室，一看到这个模型，他就好奇地摆弄起来。越摆弄，他越惊奇，不由得连声赞叹，叫道："太神奇了，太巧妙了，如此精巧之物，是谁造出来的啊？"

牛顿淡淡地说："不是造的，只不过是一堆废铜烂铁偶然碰到一起形成的。"

哈雷连连摇头，说："不可能，不可能，一定是个高人造出来的，岂止是高人，造它的人简直是天才。"

牛顿看时机成熟，就趁热打铁，说道："这个模型虽然精巧，但与真正的太阳系比起来，实在算不了什么。你认为这个模型是天才造出来的，那么，比模型精巧万倍的太阳系，岂不是被一个比天才更有智慧的人创造出来的吗？除了全能的神之外，还会有谁呢？"

哈雷听完这番话，就哈哈大笑起来，从此以后，他也相信神了。

通过幽默，牛顿不仅消除了他与哈雷之间的分歧，而且还完全改变了哈雷的信仰，幽默的作用是多么巨大啊。

要想创造性地完成工作，还必须付出艰苦的努力，离开了辛勤的脑力劳动或体力劳动，任何成果都是不可能出现的。

有一次，大科学家爱因斯坦搬到一个新的研究所去工作。

工作人员让爱因斯坦视察了他的办公室，问道："尊敬的爱因斯坦先生，你对新的工作环境还满意吧？不知道你还缺少什么？"

爱因斯坦笑了笑说："是啊！我很满意，只是还缺少一个很大的废纸篓。"

工作人员很是不解："为什么要大的？"

"好让我把所有的错误都扔进去啊！"爱因斯坦说道。

"很大的废纸篓"正是爱因斯坦艰苦工作的象征，他对此的解释既充满了幽默的情趣，又包含着深刻的人生哲理。

幽默感强的人富于活力，富于创造，容易克服工作中的困难，善于从多个角度、多个侧面来寻求解决问题的途径，把工作推向前进，开创出全新的工作局面。

爱迪生是著名发明家，他在自己家里也发明了许多实用的东西，给生活带来了方便，也增添了乐趣。

有一天，一个朋友来拜访他，推门时觉得十分费力，连着推了好几下才把门推开，走了进去。

朋友就向爱迪生抱怨说："你这门出问题了，太紧了，该修修了，竟使我出了一身汗。"

爱迪生却指着房顶上的水箱，高兴地说："你没想到吧，你刚才用劲推门，已经给我水箱里压进了几十升水，太谢谢你了。"

爱迪生不仅用自己的智慧发明了一件实用的物品，而且还用自己的幽默和朋友开了一个小玩笑，给自己的工作和生活增添了许多情趣。

## 在人事关系中把握先机

工作中的人事关系是复杂的，人与人之间不像我们与亲朋相处时那么单纯，往往相互之间存在着复杂的利害冲突。我们不仅要把智慧用在处理具体的工作中，而且要花费大量的精力和心血去考虑工作中的人事关系，以便趋利避害，使自己把握先机，用较短的时间来获得较大的发展。

有一家旅馆打算招聘一批服务员，由于旅馆的名气很大，前来应聘的人特别多。

老板很高兴，决定亲自出马，来考考他们。老板出了一道题来考他们：有一天当你走进客人的房间时，竟意外地发现一个女客正脱得一丝不挂在洗澡，你该怎么办？

这个问题引起了大家的兴趣，大家都抢着回答。

有个人说："对不起，小姐，我不是故意的。"

另一个人说："小姐，我什么都没有看见。"

老板只是一个劲地摇头。这时一个小伙子走上前来，说道："对不起，先生！"

结果，他被录取了。

这个小伙子为什么能脱颖而出呢？就是因为他回答得既机智又幽默，他故意把那个洗澡的人认作男士，消除了突然闯入的尴尬，维护了客人的颜面。

这是应聘中运用幽默的事例，如果能把幽默运用好了，就能给自己带来莫大的好处，至少可以让自己从众多的应聘者中脱颖而出，取得理想的工作。

在工作中也同样如此，恰当地运用幽默，就能把自己解决问题的能力充分展示出来，活跃了气氛，在上司和同事面前崭露头角。

方强向自己的上司提出了一套改革方案，但过了几个月仍无下文，每次问起，上司总是说："这事事关重大，必须研究研究再定。"

方强知道他是在推托，于是想了一个办法，这天他将上司请到家里，说是要款待款待他。

上司感于他的盛情，就如约前来。方强请他坐下，然后就和妻子进了厨房。

上司等啊等啊，半天都过去了，还没见他们两口子把饭菜端上来。

上司着急了，就叫道："方强啊，咱们这顿饭什么时候吃啊？"

方强忙跑出厨房，说道："为请您吃好喝好，我们两口子已经研究了一个星期了，这不，现在还在研究着呢，还没研究出个结果来，真把人急死了，您再耐心地等一会儿，好不好？”

上司看他又要跑回厨房去，忙说：“不就是吃顿饭吗？还研究什么，随便弄点儿，能吃饱肚子就行了。”

方强正色说道：“那可不行，您难得来一趟，怎么能随便？这事事关重大，必须认真研究研究，才能定下来。”

话说到这个地步，上司就完全明白方强的意思了。上司哈哈大笑起来，说道：“方强啊方强，真有你的，好，那套方案总的来说是不错的，明天我就明确答复你！”

就这样，方强充分运用了自己的幽默才能，达到了自己的目的，使自己在上司心目中具有了沉甸甸的分量，从此步步高升，在以后的各项工作中都发挥了巨大的作用，逐渐成为公司里的重要人物。

抓住恰当的时机，主动进取，让自己的幽默口才成为把握先机的重要武器，突破重重障碍，使自己在人事关系中独占鳌头，该是多么令人鼓舞的事情啊。

## 批评工作中的不正常现象

在我们身边，既有积极进取、做出成绩的人，也有消极懈怠、影响大局的人。对工作中的好现象我们应该给予鼓励和表彰，而对于工作中的一些不正常现象，则需要给予坚决的批评和抨击。

由于批评和抨击的手段都会给人的心理造成不良影响，使人产生抵触情绪，甚至会加深矛盾，进一步影响工作的开展，因此在这样做的时候就必须采取巧妙的手段，而幽默恰恰成了这些巧妙手段的首选。

幽默的语言具有平易近人、融洽气氛、拉近双方距离的独特优势，在批评那些不正常现象时往往能发挥出无可替代的作用。

有一个上司到他所管理的部门视察，他是一向讲效率的，对工作中的懒散现象一向深恶痛绝。

到了办公室，他问一个工作人员：“你在做什么？”

这个工作人员回答说："刚闲下来，现在没有事。"

他又走到了另一张办公桌面前，问另一个工作人员："你在做什么？"

工作人员说："没有什么事做。"

"啊呀！"上司大叫一声，然后在笔记本上记了一句话："岗位重复。"

看了这样的小幽默，想必大家都会对这样的上司深怀不满了。如果谁在这样的上司领导下工作，是会连喘口气的时间都没有的，那样一来，岂不要了老命？

作为一个身份低微的工作人员，面对上面一级级的领导，都是心怀敬仰的，因为你根本不知道自己会因为一个什么样的偶然失误而招致不幸的后果。但过分的谨小慎微也是不适当的，变得奴颜婢膝更是对自己人格的污辱。

这天，苏联总统戈尔巴乔夫急着去参加一个重要会议。离会议开始的时间不多了，他担心迟到误事，就催促司机把车开快点。

司机比较胆小，害怕违章，不敢开快。戈尔巴乔夫很是不快，就命司机坐到后座去，他自己亲自开车。

汽车疾驶了十几分钟，就被交通警察拦住了。警官命令他的下属将车上坐的人都扣下来。下属过去看了一眼，就急忙跑回来，大声报告说："车里坐着一位相当显赫的人物，恐怕不好查办。"

警官吃了一惊，忙问："那个相当显赫的人物到底是谁？"

"我也不知道。"下属惊恐地回答说，"不过他的司机是戈尔巴乔夫。"

俗话说，"官大一级压死人"，只怕我们也无法想象出来，能比总统更显赫、能让总统给开车的大人物会是谁，难怪交通警察会那么惊恐了。

其实人与人都是相似的，我们完全没有必要在某些身份特殊的人物面前表现出过分的热情和巴结。只有在任何时候都保持自己的人格独立，相信自己，做自己该做的事，就能获得应有的成功，就能赢得应有的尊重。

还有一些人在工作中总是不争气，让我们对他们的表现既生气又愤怒，于是也少不了用幽默的语言来对他们进行教育，使他们认识到自己的错误，并加以改正。

一位不爱动脑子的青年整天缠着大科学家爱因斯坦，要他教给自己成功的秘诀。爱因斯坦便写了一个公式给他：成功＝X＋Y＋Z。

青年十分不解地问道："X、Y、Z是什么意思？"

爱因斯坦解释道："X代表艰苦的劳动，Y代表正确的方法……"

"Z代表什么？"青年迫不及待地问。

"代表勤快和多动脑子。"爱因斯坦说。

爱因斯坦的这个公式是非常著名的，其中蕴含的深刻哲理给我们长久的启示，促使我们在工作中不断进取，去争取更大的成绩。

对那些不想付出劳动、而只想收获成果的懒汉讲讲这则幽默，就能使他们领会到批评的意思，并进而采取积极的工作态度了。

工作中的故事是层出不穷的，一部《编辑部的故事》讲述的就全是在工作过程中发生的喜剧。只要我们把自己的幽默口才充分发挥出来，就能让我们的工作充满笑声，就能让我们的事业步步登高。

## 婚恋中的幽默

恋爱、结婚是人生中的一件大事，我们都要经过甜蜜的恋爱而步入婚姻的殿堂，组成家庭，在社会上取得自己的立身之地。

在婚恋的过程中，有许多的幸福时光值得我们长久回忆，也有一丝丝的苦涩让我们久久回味。不管是何种滋味，但只要我们经历了，拥有了，就无怨无悔，它们都会最终成为我们人生中值得珍惜的风景。

在谈恋爱的时候，有的人能轻松地获得成功，而有的人却恰恰相反；组成家庭之后，有的家庭充满了欢歌笑语，而有的家庭却很快就支离破碎。如此大的反差，是怎么造成的呢？

托尔斯泰的“幸福的家庭都是相似的，不幸的家庭却各有各的不幸”，说得是非常精辟的。在这里，我们不打算去深入探究造成这种相反现象的深层次原因，只想提示大家，在那些成功的婚恋中，是充满了风趣、幽默的交谈的，这样的交谈使婚恋中的每一个人都获得了愉快的精神享受，心与心相交融，感情日益深厚，共同筑造了幸福的爱巢。

人与人都是不同的，不同的个性，不同的爱好，不同的习惯，甚至连吃饭、穿衣这样的日常小事，都会有不同的看法。如果在婚恋的过程中缺乏幽默感，而是直来直去地表达自己的想法和看法，那么针锋相对、互不相让的事情就会发生，最终只能造成相互伤害。

幽默表达在婚恋中的作用是巨大的，如果能抓住时机，巧妙运用，就能让自己的婚恋生活达到美满的理想境地。

## 恋爱中要采取恰当的幽默

男大当婚，女大当嫁，这是必然趋势。如果自己不能把握住机会，就很可能使自己的婚姻大事成为全家操心的话题。

有一个小伙子就是这样的，眼看他都奔30岁的人了，可对象还没有影子，父母急得头发都要白了。

这天，父亲满面愁容地对他说：“你已经这么大了，该给自己找一个老婆了。”

他回答说：“是啊，你说得对极了，但人海茫茫，我该去找谁的老婆呢？”

这句幽默的话，顿时使父亲大笑起来。父亲知道儿子是在给自己宽心，但又感到很不解，儿子谈吐这么幽默，怎么会找不下对象呢？

果然，没过多久，儿子就把自己的女朋友领回家来，终于使父亲的心思得到化解。

向自己倾心的人求爱，也是很需要技巧的，如果方法不当，就会适得其反、弄巧成拙，落得“竹篮打水一场空”的可悲下场。

一个腼腆的小伙子初次同姑娘约会，可怎么也找不着话题。他想了半天，向姑娘问道：“你弟弟爱吃苹果吗？”

“对不起，我没有弟弟。”姑娘回答道。

“如果你有一个弟弟，他爱吃苹果吗？”小伙子又问。

“我不知道，你最好去问那个有弟弟的去吧！”姑娘说完，站起来便走了。

如果不善于把自己的情感表达出来，在恋爱中是要栽大跟斗的，这方面的教训相当多，我们不可不察。

刘飞正上大学，班上有一个女同学，相貌出众，仪态万方，令他十分着迷。几经思索，他下定决心，写封情书向她求爱，但又担心遭到回绝，于是他没敢把自己的名字署在后面。

好朋友冯明对他的事情一向关心，就问他：“她接到你的信后，反应怎么样啊？”

刘飞说：“她非常激动。”

冯明为他高兴，叫道：“好得很嘛，然后呢？”

刘飞垂头丧气地说：“好什么啊！她报警了。”

冯明大惑不解：“不至于吧……”

刘飞道出原委，顿时令他哭笑不得，原来刘飞在情书上不仅不敢署上自己的名字，甚至连自己的字迹都害怕被那个女同学识破，于是他就从报纸上剪下了一些大小不等的铅字，拼凑成这么一句话："我注意你已经很久了……"

那个女同学当然吓坏了，立刻就报了警。

这个小幽默提示我们，在谈恋爱的过程中一定要采取恰当的方式，积极主动地接近对方，把自己的魅力充分展示给对方，才能使对方接纳自己，取得恋爱的成功。

## 恋爱中的幽默会增添浪漫情趣

有一个问题是年轻姑娘在考验自己的男朋友时经常问到的："如果我和你妈妈同时掉到了水里，你先救哪一个？"

用这个问题来测量自己在男朋友心目中的分量，尽管有故意刁难的意味在，但男朋友却总是无法回避的。

这个问题确实又是很难回答的，如果答"先救自己的妈妈"，则显得自己对姑娘的情意不够深厚；如果答"先救姑娘"，则显得自己薄情寡义，有了媳妇忘了娘，人品太差。

在这种两难的情况下，有的人就选择了逃避，干脆回答自己不会游泳，只能向别人求助，至于先救哪个，就是别人的事了。这种回答显然是不明智的。

还有人摆出听天由命的架势，说先救离自己最近的那一个，把皮球踢给了上帝，看谁的运气好吧。这种回答虽说比上一种好一些，但仍无法让姑娘满意，因为自己对姑娘的情意仍旧没法很好地体现出来。

更绝的是有人摆出一副英雄气概，一副铁肩担道义的模样，宣称自己要将两人都同时救上来。这种表现虽然很使人感动，但却偏离了姑娘原来的问题。

最机智的回答是："在这种情况下，我肯定先救孩子的妈妈。"自己的母亲当然是孩子的妈妈，如果面前的这位姑娘能与自己情结连理，那么必定也会成为自己孩子的妈妈，两人都会在被救之列。

“话有三说，巧说为妙”，在谈恋爱的时候，在和对方接触的过程中，要始终保持气氛的和谐、融洽，就能花前月下浪漫无限。一旦双方关系发展到一定的程度，就要抓住机会，通过巧妙的方式使对方意识到自己的感情，使双方的恋情得以跃升。

马克思是无产阶级的导师，给世界工人运动指明了方向，可是你知道吗？他在恋爱过程中的智慧同样是出类拔萃的，同样可以为身陷迷局的青年人指明方向。

马克思与燕妮经过长时间的接触，彼此对对方都很有好感，但谁也没有主动把自己的意思表达给对方。

马克思决定向燕妮求爱，使双方的关系发展到新的阶段。这天，两人在郊外散步，马克思故意对燕妮说：“我喜欢上了个姑娘，决定向她求婚，可不知道她是否同意。”

燕妮顿时显得很紧张，不知道马克思说的那个姑娘究竟是谁，就连忙问道：“不知是哪位姑娘？”

马克思说：“我这里有她的照片，你来参谋参谋吧。”说着，就把一个小盒子递给了燕妮。

燕妮接过来，打开一看，原来里面是一面小镜子，镜子中正映出了她那张羞红的面孔。

燕妮就这样接受了马克思的求爱，他们组成了幸福、美满的家庭。

如果我们能够开动脑筋，也是会找到巧妙的方式，用幽默的语言向自己的意中人求爱，并获得成功的。富有幽默感，就能使我们的个人魅力成倍放大，就能使我们的恋爱史充满浪漫的气息，成为我们留在心底的珍贵记忆。

## 用幽默改善家庭气氛

成家之后，整天忙于一日三餐，锅碗瓢盆交响曲日日奏响，平淡而单调，于是恋爱中的浪漫情怀远去了，家庭生活中的不和谐音符就跳了出来，为琐事而争吵、而打闹，直至闹离婚，家庭的不幸就降临了。

两口子吵架，妻子生气地说："我真后悔，当初怎么瞎了眼，嫁了你这种混账男人！"

丈夫不甘示弱，回敬道："说得对极了，我也是瞎了眼，才娶了你这种人！更让我后悔的是，当初竟没有发现这一事实！"

如果双方都是这样针尖对麦芒，互不相让，那么家庭破裂的日子就为时不远了。

为了避免这种悲剧的发生，我们平时就要学会营造家庭的欢乐气氛，想方设法使家里充满更多的笑声。为达到这个目的，学习使用幽默的语言是非常重要的，只有幽默才能有效地改变家庭中的不愉快气氛，使忧愁、争执、吵闹都离我们远去。

夫妻两人在吵架，闹得很不愉快。丈夫想尽快结束这种不愉快的局面，就对妻子建议说："我现在想出了两个办法，来结束这场争吵。一个办法是，我们都承认我是对的。"

妻子当然不会认可这种方法，就问道："那么，另一种方法呢？"

丈夫说："另一种方法是，我们都承认，你是错的！"

丈夫的两种办法其实是一样的，仍旧在顽固地认为自己是正确的，不过由于采取了幽默的方式，就足以使妻子欢笑起来，改变原有的战争气氛，使家庭环境向好的方向转变了。

两口子在家里打了一架，事后又都非常后悔。过了几天，两人谈起此事，妻子有些埋怨地说："你也太凶了，干吗打我的脸？"

丈夫有点不好意思地说："你是我老婆，老婆的脸就不能让老公碰碰吗？"

妻子被逗乐了，就说："我在你身上搔痒搔惯了，上次手重了一点，你可不要见怪呀。"

夫妻两人都想恢复原有的家庭气氛，但又不愿坦承自己的错误，于是就发生了这么有趣的一幕：把打脸说成“碰”，把抠身子说成“搔痒”，当真是妙不可言。

家庭生活理应是快乐的、愉悦的，但同时又是平淡的、从容的，家庭中的矛盾只能通过笑声来解决，有了幽默，欢乐的气氛就会在家中永远停留。

## 用幽默巧妙批评家庭生活中的不良现象

生活是丰富多彩的，家庭生活也不例外，由于社会上一些不良现象的影响，家庭生活中也出现了一些不良的迹象，严重影响着家庭的稳定和生活的安宁。

有些人财大气粗，看不上糟糠之妻，热衷于找情人、包二奶，使原本幸福的家庭在风雨中飘摇。不少幽默都对这种现象给予了有力的讽刺。

做老板的丈夫回到家里，妻子突然问道：“老公啊，你能告诉我，曼丽是谁吗?”

丈夫吃了一惊，但很快镇静下来，回答道：“曼丽嘛，嗯，是我才买的一条小狗的名字。”

妻子面露微笑，说道：“太巧了，你不在家的时候，你的小狗已经给你打了三次电话。”

丈夫想隐瞒在外面找情人的秘密，但妻子用幽默的语言给予了有力的揭露，使丈夫尴尬极了。

还有一些夫妻相互瞧不起，挖苦对方，嘲笑对方，给家庭生活埋下了隐患，幽默也能及时地回击这种不良现象，使对方认识到这样做的害处。

有个丑男人，不知哪世修来的好福气，竟娶了位漂亮的女人。女人自然不太甘心，但还是怀孕了。她看着自己的丈夫，不由得埋怨道：“如果我的孩子长得像你，你就该受诅咒。”

丈夫立刻反击道：“如果我的孩子长得不像我，你才是该被诅咒的。”

这个回击既幽默又有力，把对方话中的疏漏完全揭穿了，使对方无地自容。

有的丈夫在生活中大男子气十足，给正常的家庭生活造成了负面影响；与此同时，有的妻子在家中管得过多，形成“妻管严”现象，也妨碍了家庭气氛的和谐。所有这些，都能用幽默及时地给予批评，使家庭生活走上正常化的轨道。

就以我们俗话说的“妻管严”来说吧，类似的小幽默数不胜数，而且个个都妙不可言。

从前有一个将军，身经百战，屡立战功，但却非常怕老婆，往往在作战的关键时刻被夫人叫回家去，以至于连他的部下都愤愤不平起来。部下们决定给他的夫人一点颜色看看，就把队伍集合起来，簇拥着将军走向将军府。

到了将军府，夫人看见自己的丈夫带着大队人马雄赳赳地闯了进来，就大吼一声：“你要干什么？”

将军顿时吓得从马上掉了下来，立刻低三下四地说：“我军已经集合完毕，请夫人阅兵。”

这个幽默仅仅嘲笑了众多“妻管严”中的一个，还有的幽默更绝，居然把多个同种类型的人都作为嘲讽对象，令人忍俊不禁。

从前有位国王打算为自己选一个宰相，主要的条件有一条，要不怕老婆！

国王把众人集合起来，然后宣布：“怕老婆的人站右边，不怕的站左边！”

话刚出口，就见众人都一窝蜂地往右边跑，只剩下一个外貌雄壮的大将军站在左边。

国王顿时大喜，连忙问道：“你是怎么做到不怕老婆的？”

他回答说：“我老婆交代过，不准我到人多的地方去……”

听了此话，那位国王的失望是可想而知的。再来看一个现代的例子：

有个人的耳朵老是被老婆拧得红肿，朋友到家里来，看见之后就觉得很奇怪，问他的耳朵是怎么了。

他只好说："家里有老鼠，夜里我睡得正香，不想竟被咬了。"

话刚说完，他老婆就从里屋跑了出来，立刻拧住了他的耳朵，吼道："你好大的胆子，竟敢在背后骂我是老鼠！"

不管是"妻管严"还是大男子主义，都是家庭生活中的不良现象，我们都要认识到它们的危害，用幽默的力量来改变它们，使自己的家庭达到幸福美满的理想境地。

## 为家庭生活增添高雅情趣

有了幽默的气氛，家庭生活就是欢快的，如果幽默得更高雅一些，家中就会充满诗情画意，令人顿生敬仰之意。

丈夫要出差，妻子相送，依依惜别之情，让旁边的人看了都心生感动。

在分手的时候，丈夫说："离开你真使人伤心，我真想把你也打到我的行李里，带上一起走。"

这种深情款款的话，只有文化素养较高、同时又极为恩爱的夫妻才能说得出来，人世间所有美好的感情都在这里得到了升华，表现了一种极为高雅的情趣。

丈夫从外地出差回来，妻子问："你在外地待了这么长时间，是不是不想回家了？在外面有外遇了？"

丈夫回答说："我在那边整天忙工作，哪能有什么外遇？闲下来的时候就在心里一遍遍地想你，总盼着一走出大门就看见你，可是……我都认错过好几个人了。连你都遇不上，又能在外面遇到谁？"

这番话同样说得情真意切，表现了夫妻之间的深情和家庭生活的高雅情趣。更有趣的是，丈夫把"外遇"一词故意做了歪曲的解释，解释成了"在外面遇到谁"，富有幽默趣味。

家庭生活中也会出现一些令自己不快的事情，但只要用幽默的思维来看待，就会发现，即使是那些不愉快的事情，也同样充满了情趣，令人感受到生活的另一番乐趣，不由得喜从中来，眉开眼笑。

余光中有一个宝贝女儿，一向视为掌上明珠，但女儿开始谈恋爱了，家里的气氛就发生了明显的变化，令他尝到了饱受冷落的滋味。余光中只好把未来的女婿当作“假想敌”，通过幽默的文字来发泄心中的不满。

且听他的描述吧：“信箱被袭，只如战争的默片，还不打紧。其实我宁可多情的少年勤写情书，那样至少可以练习作文，不致在视听教育的时代荒废了中文。可怕的还是电话中弹，那一串串警告的铃声，把战场从门外的信箱扩至书房的腹地，默片变成了身历声，假想敌在实弹射击了。”

女儿的男朋友既写情书，又打电话，使余光中不胜其扰。但这样的骚扰不正是生活的另一种乐趣吗？余光中把“情书”比喻成“默片”，将“电话铃声”比喻成“实弹射击”，绘声绘色地描述了自己的切身感受，极具幽默的高雅情趣。

婚恋是幸福的、美好的，有了幽默的小精灵在身边飞翔，我们的婚恋生活就有了幸福的保证。为了天下有情人的美满恋爱，为了每一个家庭的和谐快乐，我们都来和幽默做伴吧，这样欢乐的笑声就会在我们的婚恋生活中永远驻留。

## 幽默的错位思维

卓别林是这样理解幽默的：“所谓幽默，就是我们在看来是正常的行为中觉察出来的细微差别。换句话说，通过幽默，我们在貌似正常的现象中看出了不正常的现象，在貌似重要的事物中看出了不重要的事物。”

卓别林对幽默的理解是很深刻的，这是他的经验之谈，也是他数十年心血的结晶。其中谈到的“正常”与“不正常”、“重要”与“不重要”所形成的强烈反差，就是一种错位。

幽默的思维就是营造这种错位的思维，只有巧妙地制造了错位，幽默就会以变幻莫测的面目呈现在我们面前，令人有妙趣横生之感。

我们中的相当一些人幽默感不强，究其原因，就是不善于制造错位，换句话说，就是不具备错位式的思维模式。

在日常生活中，我们按照固有的模式工作、生活，两点一线，忙忙碌碌，日出而作，日落而息，按部就班，有条不紊，形成了固有的习惯，对身边所有事物的看法也形成了固定的思维模式，因此幽默就会离我们远去。

具有幽默感的人却完全不是这样，他们的思维高度活跃，在他们的头脑里，没有我们固有的那一套成见，他们可以张冠李戴、颠倒黑白、指桑骂槐、声东击西，制造出一系列令人瞠目结舌、叹为观止的错位。在这种强烈的反差和对照中，幽默的蝴蝶就被他们放飞出来了。

有人可能会说，既然幽默者总是张冠李戴、颠倒黑白、指桑骂槐、声东击西，那么他们的人品不是值得怀疑了吗？怎么还能说他们的幽默是一种高雅的情趣呢？

在这里必须强调的是，幽默者的人品是不容怀疑的，以上所说的“错位”，指的是他们营造幽默的思维模式，而绝非是为人处事的生活态度。

事实上，那些颠倒黑白的阴谋家，是绝对没有心思去在幽默思维和幽默语言上下功夫的，他们看重的是权势和权术，他们的心机全花在钩心斗角上，幽默是与他们毫不沾边的。

“指鹿为马”是一个著名的玩弄阴谋的事例。秦朝的赵高为了试探朝臣对他的服从态度，故意给皇帝送了一只鹿，却硬说成是马，并要群臣来辨别。结果凡是说了实话的人，最终都遭了他的毒手，而那些把鹿硬说成马的朝臣才得到了活命的机会。

这样的故事带给我们的只能是阴谋的杀机，丝毫也不会有幽默的愉快享受。想必赵高在实施这个阴谋的时候，也是一副阴森森的鬼相，才能使那么多的朝臣不顾事实地迎合他。

而我们这里所谈的幽默却绝对不是这样的，它所制造的错位，不是体现在颠倒黑白的阴谋诡计里，而是活跃在自己的思维中，外化在自己的机智语言里。

## 幽默最忌公式化

有的人平时也幽默，说出的话也能让人笑一笑，但笑过也就忘了，不能给人留下深刻的印象。有些相声、小品的表演也比较逗人，让人笑得前仰后合，但笑完就算，总显得肤浅，缺乏打动人心的力量。

原因自然是多方面的，在内容上挖掘不深，仅停留在表面现象上；在形式上比较单一，单纯地追求滑稽诙谐，甚至不惜采取低级趣味的手段，令人反感。

余光中认为，“幽默最忌的便是公式化……”一旦公式化，就会落入俗套，说到丈夫就必定怕太太，说到教授就必定缺少常识，说到官吏就必定要刮地皮，人听得多了，也就没有感觉了。

不论是生活还是写作，余光中都坚决避免公式化的幽默。比如对于散文，他也是很有研究的。他对华而不实、俗艳不堪的散文非常反感，就把它们幽默地比喻为“像一袋包装俗艳的廉价的糖果，一味死甜”，并为它们起了个名字，叫作“花花公子散文”。

而对那些写作“花花公子散文”的人，他的批评也是幽默的、很有见地的，他说：“这些喜欢大排场的公子哥儿们，用起形容词来，简直挥金如土。事实上，他们的金都是赝品，其值如土。”

用“挥金如土”来讽刺他们滥用辞藻的坏毛病，用“其值如土”来批评他们趣味浅欲、文章的价值低下。所有这些评述，都表现了余光中智慧的创造，体现了错位式思维在文学创作中的无限生命力。

在我们的日常生活中，要想使自己的幽默引人入胜，也是必须抛弃“公式化”的不良倾向的。

身边有一个同事，在结婚两月之后就生了孩子，大家自然免不了议论纷纷，拿这件事开玩笑。

有人评论说：“这个孩子太性急了，是想出来看看这个世界都有谁吧。”幽默感就不强，只是对眼前事实的简单评述。

有人对孩子的父亲说：“你的本事真大呀，生孩子也像工作一样，效率很高。”这话自然是幽默的，能让人会意地一笑。

这时单位里最有幽默感、被大家称作“幽默大王”的小孙来了，他还给孩子送了一份见面礼，是本子和铅笔。孩子的父亲大惑不解，说：“这孩子才出世，就给孩子送本子、铅笔，不是太早了吗？”

小孙煞有介事地说：“不早，不早，别人家的孩子要十个月才出世，而你的孩子只用了两个月，照此推算，要不了半年，他准得上学，所以我就提前给他准备了学习用品。”

和前面两人所说的话做一对照，我们就会发现为什么小孙会被誉为单位里的“幽默大王”了。由孩子出世早，引申到孩子上学早，再由上学早，联想到必须早早用上学习用品，于是在孩子出生后送学习用品就成为顺理成章的事了。

在这里，小孙的思维就是一种错位式思维，它不是由此及彼的直线型，而是将事物原有的结构模式完全打破，在脑子里重新组合，形成出其不意、出奇制胜的新模式，完全脱离了公式化的轨道，才能造成耳目一新的幽默效果。

## 采取不拘一格的发散思维

平时我们总有这样的苦恼，在生活中感到枯燥乏味，在工作中不能开拓出新的局面，原因到底在哪里呢？很简单，我们总是陷入一种固定的思维模式中，遇到事情时想不到用别的方式来巧妙解决，于是就会在人生的征途中一筹莫展、随波逐流。

而发散思维是创造性思维中最活跃的部分，遇到要解决的问题时，它绝不停留在某一点上，而是由这一点向四面八方发散开去，联想到各种可能性，并经过反复比较、论证，最终选择一条最有创意、最有可能获得成功的路来走，因此才能促使事情的圆满解决，为我们的人生开辟出一条更宽广的大道。

凡是能成功运用发散思维的人都是生活中的强者、事业上的成功者，也往往同时是谈吐风趣、极具人格魅力的幽默家。

运用了不拘一格的发散思维，就能制造出变幻莫测的错位效果，使自己的语言妙趣横生、引人入胜，而这正是幽默的关键所在。

有个人好不容易出版了一本书，于是他就在朋友面前自吹自擂，大言不惭地说：“我的书可棒呢，我花了很多心血，提出了许多新的观点和正确的见解。”

朋友听了，深表赞同：“我完全同意，可是我发现了一个有趣的现象：新的见解都不正确，而正确的见解都不新。”

朋友对他这本书的评价是否定的，但却用肯定的语气表达了出来，这就是发散思维营造出的错位效果。

美国总统林肯遇到过这么一件事情，当时他的关税主管伯顿先生刚刚去世，有一个叫史密斯的人就瞄准了伯顿的位置，他打来电话提出自己的请求：“总统先生，能不能让我来代替伯顿先生的位置呢？”

林肯知道史密斯是个不学无术、善于钻营的家伙，一向对他很讨厌，但他不愿直接回绝史密斯的要求，略一思索，他幽默地回答道：“如果殡仪馆没有意见的话，我是绝对不会反对的。”

这时伯顿还躺在殡仪馆里，林肯有意把史密斯话中的“代替位置”理解成“代替伯顿在殡仪馆里的位置”，用他的发散思维巧妙地制造了一种幽默的错位，驳回了史密斯的请求。

只有具备了不拘一格的发散思维，我们才有可能脱离固有的思维模式，在丰富的大千世界里自由联想，把万千互不关联的事物联系到一起，使自己的幽默出新意。

## 勤动脑，使错位变幻莫测

用发散思维打破常规，达到错位的幽默效果，并不是轻而易举的事情。它需要我们付出艰苦的努力，只有在平时的生活中勤动脑，遇事多从不同的角度来想想，想出不同的解决办法，才能使自己的创造力逐步提高。

在这个过程中，不断学习，提高自身的文化素质和道德修养，使自己的人品变得崇高，心胸变得开阔，也是非常重要的。只有自己的人格高大了，才能使自己脱离低级趣味，从日常的平庸生活中解放出来，让自己的思维在更高、更广阔的层面纵横驰骋。

陈佩斯是著名的喜剧明星，可他仍旧谦虚地认为自己够不上“大师”的标准，他说：“大师有某种标准，他做的这个东西必须特别好，才可以称为大师。他不但以此为生，而且他还能把一个普通的日用品，做成特别精美的艺术品，别人无法比拟，或者他站在一个相当的高度上，这就是大师。而我呢，只能把大家逗得每天都开心地笑一笑，或者偶尔笑一笑……”

陈佩斯表示：“我没有自己的演员偶像，凡是有智慧的人都是我的偶像，我崇拜那些有智慧的人。”

向有智慧的人学习，使自己也变得富于智慧，使自己的脑子灵活起来、聪明起来，才能在自己的语言表达上捕获幽默的底蕴。

比如说电话吧，在我们的日常生活中，电话已经成了我们无法离开的重要通信工具，不管在多么远的异国他乡，一个电话打过去，就如同见面一样，解决了许多问题。

但余光中却偏偏对电话发出了异议，请听他的说法吧：“王维的辋川别墅里，要是装了一架电话，他那些静绝清绝的五言绝句，只怕一句也吟不出。”

瞧，他居然把电话和唐朝诗人王维联系了起来，如果没有勤动脑的习惯，没有深厚的文学功底和活跃的发散思维，如此妙语又怎能说得出来？

再听：“古人鱼雁往返，今人铃声相迫。鱼来雁去，一个回合，短则旬月，长则经年，那天地似乎广阔许多。‘晚来天欲雪，能饮一杯无？’那时若有电话，一个电话刘十九就来了。结果我们也就读不到这样的佳句。”

电话确实方便了我们的生活，但又无形中减少了许多诗情画意，余光中用他的发散思维，发现了我们不曾想过的问题，得出了他的独特结论，并形成了妙趣横生的幽默语言。

平时我们也要像余光中那样，运用自己的智慧，形成科学的思维方式，制造变幻莫测的语言错位，给大家、也给自己带来欢快的笑声。我们要努力站得更高、想得更开、看得更远，正确地认识自己身边的客观世界，深刻地分析自己所面对的工作局面，采取有效的行动，在事业中开拓出一条新路，在生活中营造更多的欢笑。

生活是丰富的，笑声是明朗的，只要有宽广的心胸在，有智慧的头脑在，就会有不拘一格的幽默思维出现，就会有变幻莫测的幽默表达在人世间闪光。

## 幽默思维的形成

幽默感强的人思维方式必定与众不同，他们和大家一样看到眼前的铁一般的事实，但却轻易地跳出了惯有的生活逻辑，从中发现了大家不曾想到的东西，形成了他们所特有的认识和判断。

康德说："幽默表示的是一种自然地处于精神状态中的才能。"

贾平凹说："幽默是人生的大境界。"

这就是说，幽默以独特的思维方式反映现实社会，把我们带到了一个充满情趣的欢乐世界里，同时还使我们获得了一种对世界的哲理认识。

在对人类思维的科学探讨中，关于幽默思维的争议可以算是最大的了，至今还没有形成一个统一的结论，因此要想准确地描绘幽默思维的形成过程，并进而总结出一个正确而科学的训练方法，显然是不太现实的。

在参考前人论述的基础上，我们在这里再试作阐述，想必能给大家一些有益的启示。

## 使自己具有明显的心理优势

幽默产生的心理动机是相当复杂的，探讨幽默心理的专著已经很多很多了，要想把它们都细读一遍，几乎是痴心妄想的事情。哲学家、心理学家、幽默学家们分别从不同方面、不同角度、不同层次进行了细致入微的论述，试图把这个问题讲清楚，但遗憾的是，把这些观点放在一起，却让我们越来越感到糊涂。

这从一个侧面说明了幽默思维是极其独特的，形成幽默思维的过程也是异常复杂的，每个具体的人都会有一系列具体而独特的做法，无法令他人加以模仿。

那么这是不是意味着我们无法对其进行探讨和研究了呢？显然不是的。让我们先来看看心理学家弗卢盖尔的研究成果吧。

弗卢盖尔把幽默心理归纳为四个方面，分别是：表现自己在某方面所具有的优越性、表现自己对他人的反击、表现自己在不友好言行前的自我保护、表现性欲。在这四个方面中，表现自己的优越性是最主要的。

巴尔扎克说："幽默能给你完全而压倒一切的胜利。"

特鲁·赫伯说："幽默是形成力量的最高最佳层次。"

他们都不约而同地道出了同样的含义，即幽默心理是一种具有明显优越性的心理，只有在心理上处于优势状态的人才能自如地创造幽默，给生活带来欢笑。

有钱人爱嘲笑穷人，城里人爱捉弄乡下人，志得意满的人爱挖苦失意人，都是这方面的很好例证。不过，这样的嘲笑、捉弄、挖苦虽能给自己带来精神上的愉悦和心理上的满足，但却不是我们所提倡的高品位的幽默。

幽默者的心理优势并不一定外化在那种浅薄的嘲弄中，他们往往含而不露，永远自信地认为自己在某方面是无可比拟的，他们言谈机智，行动果敢，对任何人、任何事情都有自己的对策，并把自己的优越性呈现在“完全而压倒一切的胜利”中。

有一次，美国财政部长卡特到饱受旱灾之苦的得克萨斯州某镇视察灾情，在飞机降落之前，该镇忽然下起了雨。

卡特便向前来欢迎他的农民说：“你们或者要钱或者要雨，我拿不出钱，所以我只好带了雨来。”

卡特的话自然是幽默的，如果我们细细品味，就不难发现话中所蕴含的明显的优越感。试想一下，如果换了一个农民站在一个大人物面前，能用如此姿态说话吗？

汤姆斯·霍布斯是这样描写“大笑”的：“由于和别人的缺点比较出自己卓越而突然引起的自得。”只有使自己在心理上保持一定的优越性，才能使思维高度活跃起来，从平常的事物中发现幽默的踪影。

永远充满自信，坚定地认为自己是有用之才，是生活的强者，坚持不懈地进取，以获取更大的成绩。也许自己在某些方面不如别人，但并不意味着自己就会处处不如人。拿自己的长处和别人的短处比较，就能给自己带来心理上的优越和满足。

通过自我的实现和对他人的超越，使自己获得心理上的优越感，不仅是幽默思维形成的重要前提，而且也是成功人士永远积极向上的心理支柱。

## 对现实的否定和超越

我们每个人都有幽默感，只是强弱不同而已，幽默感强的人不仅在心理上具有明显的优势，而且心灵的自由度相当高，思维不受任何约束，能够对现实进行毫无疑义的否定和天马行空的超越。

在对客观世界的认识中，人们经过多年的实践，已经形成了固有的思维模式，达成了人所公认的逻辑常理。在逻辑常理面前，情感被弱化了，思维变成了某种定式，于是幽默就离我们远去了。

幽默思维却必须反其道而行之，否定了现实，超越了现实，抛弃了思维定式，把不拘一格的情理加以强化，甚至使其占据相当的优势，在违背常理的基础上，就带来了幽默的情趣。

幽默思维是与科学认识格格不入的，任何严密的论证、精确的描述都会扼杀幽默。实事求是是一种良好的工作作风和人生态度，但却绝对无法形成幽默思维。

朱光潜是我国著名的美学家，他说："现实世界和实际生活都是人生的一种约束。笑也有时起于解脱这较广义的约束。现实世界是有条理法则的，所以乖舛错误常能引起我们发笑。现实世界好比一池清水，可笑的事好比偶然吹起的微波，笑就是对于这种微波的欣赏。"

他还引用彭约恩的话来加强说服力："笑是自由的爆发，是自然摆脱文化的庆贺。"

语言逻辑的常规，生活中公认的常识、常理、价值观念，在幽默思维看来，都是应该坚决否定的。

面对一个大胖子，你可以开玩笑说："几天不见，你怎么越长越苗条了？"

妻子做的饭不好吃，你可以赞叹说："真香啊，香得我一闻味就饱了。"

美国钢铁工会主席亚伯在一次演讲中，面对着的恰是那些反对他当选的人，他说："我衷心地感谢你们，如果没有你们的支持，我是不可能当选的。”

上述几个例子都是无视当前的客观现实，故意胡说八道，实现了对现实的否定和超越，才达到了幽默的效果，营造了欢乐的气氛。

有一首叫作“颠倒歌”的儿歌，是这样唱的：“八月十五亮光光，贼娃子翻墙偷尿缸。聋子听见忙起来，哑巴一路喊出房，跛子连忙追出去，瞎子赶紧来帮忙，一把扯住贼头发，看看才知是个和尚。”一系列反常现象连贯起来，构成了一幅幽默的场景，令人忍俊不禁。

康德说：“在一切引起活泼的撼动人的大笑里必须有某种荒谬悖理的东西存在。”他从另一个角度同样说明了幽默思维是对现实的否定和超越，只有两者之间形成了不和谐的对立和鲜明激烈的冲突，才能带给我们幽默的享受。

这是一个有关足球的小幽默：一个韩国人、一个日本人和一个中国人一起去见上帝，想要问一问他们的国家要等到什么时候才有机会夺得世界杯。

韩国人先开了口：“我们韩国什么时候能够获得世界杯的冠军？”

上帝回答：“至少五十年。”

韩国人大哭起来：“我这辈子是没法看到了，我该怎么办呀？”

接着，日本人问上帝：“我们日本人什么时候能够捧得世界杯的冠军奖杯呢？”

上帝回答：“至少一百年。”

日本人哭得痛不欲生：“我儿子这辈子也看不到了，好可怜啊！”

最后，中国人问上帝：“那么，我们中国人要等到什么时候，才能获得世界杯的冠军呢？”

上帝顿时痛哭流涕：“这一回连我也看不到了。”

中国足球冲击世界杯，已有许多年了，但回回都是失望，让球迷们寒了心，这个小幽默突出地表现了这种失望乃至于绝望的心情。“连上帝都看不到获冠军的那一天”，该是多么彻底的绝望啊！

中国足球的不争气是客观事实，在事实的基础上加以引申和夸张，进行了大胆的超越，于是幽默的情趣就非常生动地出现在我们面前了。

这就提示我们，训练自己幽默思维的必要手段就是对现实不断采取否定和超越的态度，不认可客观存在，转而去寻找违背常理、常规的东西。久而久之，不拘一格的幽默思维就会与高度自由的心灵一起飞翔起来。

## 心理期望的突然扑空

康德在《笑论》中说：“笑是一种从紧张的期待突然转化为虚无的感情。正是这一对于悟性绝不愉快的转化却间接地在一瞬间极活跃地引起欢欣之感。”

胡范铸先生也说：“这种类型的语言幽默是必须在特殊的心理活动过程与话语结构相应时才能凸显，亦即在‘心理之期待突然扑空’这种心理活动过程与语流暗示的语义方向无严重伤害性而又突然地改变这样一种话语结构结合时才能凸显。”

“心理期望的突然扑空”是幽默思维与常规思维的鲜明区别之处。幽默思维所造成的效果是，先让事情向一个特定的方向发展，使大家都认为必然会导致某种结局，但最终的事实却是事情突然转向了另一个方向，令人很感意外，但细细琢磨，却又觉得是在情理之中。

声东击西、指桑骂槐、自相矛盾、由愤转谐等等方法，正是幽默思维在表达过程中的具体体现。因为在客观事物的发展方向中确实存在着不确定性，向东、向西都有可能，幽默思维恰恰抓住了这一特性，把明显的发展方向先揭示出来，然后再在不知不觉中转到另一个方向去。

要想使思维达到如此境界，就必须在心灵自由的基础上进行智慧的发挥，把多种可能性都考察到，并预先设置一个圈套，使听众被引诱到预设的方向去，再在结束时突然亮出谜底，使人感受到巨大的差异。

相声演员是非常善于使用这种手法的，所谓的“抖包袱”就是如此。相声演员通过层层铺垫，描述生活中的一系列事实，使我们感到相当程度的可信。当我们已经接受了他们所描述的事实时，他们却突然“抖”出相反的结果，给我们造成强烈的心理反差。我们正是感受到了“心理期望的突然扑空”，才会在“包袱”抖开的那一刻，突然爆发出由衷的大笑。

虽说幽默思维与常规思维有很大的不同，但却绝对不是逻辑混乱、神志不清的精神病，这一点务请大家注意。

中国社会科学院文学研究所研究员楼肇明对此的论断是很精辟的，他说：“如果说，幽默是对理性逻辑思维的心照不宣的超越、扭曲和解构，那么，它恰恰也是在更高层次的理论思维的指导和驱动下对常规思维、常规逻辑的回归，而不是由于神志不清、精神紊乱而造成的那种混乱。所谓幽默的情感逻辑，不是在笑话背后不要逻辑、不要理性，而只是承认情感对常规逻辑的扭曲变异，恰恰就不仅仅是一种非理性的思维活动，而是理性对于非理性的一种错位，逻辑对非逻辑的一次反衬。”

请看下面的实例：

著名芭蕾舞蹈家鲁道夫·纳雷耶芜于1938年3月出生于一列开往海参崴的火车里。1964年10月，纳雷耶芜和著名芭蕾舞女演员马戈特·方廷在奥地利首都维也纳国立歌剧院演出了柴可夫斯基的《天鹅湖》。由于他俩的精湛表演，博得了台下观众们的热烈掌声。

谢幕后有一个记者问鲁道夫·纳雷耶芜：“你为什么会旋转得那么漂亮？”

鲁道夫·纳雷耶芜幽默地说：“因为我出生在火车上，从小就感受到车轮的转动。”

记者的问话是必然会引向一个特定的方向的，即出色表演的原因，而舞蹈家却有意把自己的回答引向了另一个方向，很出大家意外，造成了幽默的情趣。

清代大学者纪晓岚疾恶如仇、才思敏捷、说话幽默。有一次，宰相大人为庆祝自己八十大寿，便差人送请帖给纪晓岚。纪晓岚平时对宰相大人的贪赃行为十分不满，便写了“老乌龟”三个大字，派人送去。

宰相一见，十分恼火，跑到纪晓岚家里，请他当面解释。

纪晓岚从容地说：“你是前朝老臣，年且八十，是为‘老’；世世代代乌纱盖顶，是为‘乌’；自古以来，龟鹤齐名，都是高寿的象征。所以称呼你为‘老乌龟’，有什么不对吗？”

把骂人的“老乌龟”另作解释，竟别有情趣，位高权重的宰相大人也无计可施了。

因此，要想促使自己幽默思维的尽快形成，我们就必须对“心理期望的突然扑空”有充分的认识，学习相声演员“抖包袱”的经验，努力实现理性对非理性、逻辑对非逻辑的超越，达到心灵更大的自由度和思维更强的活跃度。

经过不断的训练，使自己受压抑的情感充分释放出来，就能在心理上实现自我肯定，在思维上达到不拘一格的自由，那么可贵的幽默素质就会在我们身上出现了。

## 生活中的幽默语言

生活是无限丰富的，我们都在生活的海洋中游泳，有的人游得好些，有的人游得差些，还有的人甚至会被海水呛两口。我们没有办法责备命运，也没有必要怨天尤人，我们要做的事情只能是希望自己游得更好，以便迎来更明媚的太阳。

生活中有喜也有愁，有笑也有哭，有甜也有苦，有时候心情好，有时候就会陷入进退维谷的境地，还常有一些不如意的事情找上门来，让我们束手无策。

这都是客观存在的现实，我们无法逃避。在喜事降临的时候我们不要狂喜过头，在比较艰难的处境里我们也不要悲观失望，总是保持一颗平常心，从容应对生活的风风雨雨，就总会有幽默在我们身边产生。

我们都知道，心情好的时候容易说出机智、幽默的语言，是因为这时候思维处于高度活跃的状态，看到万事万物，总能进行丰富的联想，让自己的幽默思维发挥作用。而在心情不好的时候，全部心神都用在那些不开心的事情上，身边即使有了幽默的素材，也常常无动于衷、视而不见。

但真的如此吗？如果果真这样的话，幽默的功用就将大打折扣了。在轻松的环境中有幽默，能够喜上加喜；而在凝重、悲观的气氛中进行幽默，则往往是扭转生活困境、带来无限希望的灵丹妙药。

因此，在生活的任何地方、每分每秒都是应该有幽默的，我们应该学会在生活中更自如、更熟练地运用幽默，让自己的生活充满无尽的笑声。

## 闲着没事“耍贫嘴”

有些人聚在一起，总爱拿一些小事来唠叨，而且还常常说得妙趣横生，北方人将这种现象称作“耍贫嘴”。

鲁迅先生曾对“耍贫嘴”做过这样的解释：“北方方言，油腔滑调，废话唠叨的意思。”尽管“耍贫嘴”不登大雅之堂，但如果“耍”得好，也是会耍出十分机智的幽默的。漫画家方成曾对此做过研究，他列举了下面的对话来证明其中的幽默成分：

甲：我对吃饭很有研究，这里面学问大了。

乙：什么学问？

甲：吃饱了不饿。

两人在“吃饭的学问”上做文章，研究的结果竟是“吃饱了不饿”这么浅显的常识，幽默感十足。再如：

甲：你可真不够朋友！

乙：我怎么了？

甲：你爸爸和你妈妈结婚，你没请我。

乙的父母结婚，乙尚且还未出世，甲自然不会来到这个世界上，又从何谈起请客的事呢？这个“贫嘴”要得真够出格的了。也正是因为出格，才有了十足的幽默意味。

诸如此类的对话，就像双口相声一样，给我们带来了无穷的乐趣。尽管其中会包含一些不太健康的成分，尽管有些对话的幽默感不算太强，但还是有益于我们身心健康的，能使我们在紧张工作之余，轻松轻松，换换脑子，使自己的精力得到恢复，以便更有效率地进行下阶段的工作。

事实上，经常进行这样的“要贫嘴”游戏，还能锻炼我们的敏捷反应能力，促使我们的思维变得更活跃，对我们幽默感的形成和幽默素质的培养是十分有利的。

有一部小说叫作《贫嘴张大民的幸福生活》，改编成电影叫作《没事偷着乐》，里面的主人公张大民就是一个在生活中喜欢“要贫嘴”的幽默人物，无论他的生活多么困窘，他也总是笑对人生。

## 在平淡的生活中自得其乐

生活对我们大多数人来说都是平淡的，因此我们要在生活中时刻保持一颗平常心，淡然面对生活中的荣誉和失利，善于从平凡的生活中发现幽默的成分，并机智地用语言表达出来。

来了电话就免不了要接，有时自己正在办其他事情，不方便去接，就难免会陷入难堪。这样的经验许多人都有过，但余光中说得更幽默：“周公‘一沐三握发，一饭三吐哺’是为接天下之贤士。我们呢，是为接电话。谁没有从浴室里气急败坏地裸奔出来，一手提裤，一手去抢听筒呢?”

裸奔接电话，居然与“周公吐哺，天下归心”的典故联系了起来，庄严与滑稽形成了强烈的反差，幽默感很强。用这种心态去生活，自得其乐，欢欣无限。

漫画家方成去钓鱼，还没几分钟，一条鲫鱼就上钩了。他连声欢呼：“我没想钓呢，怎么这么快就上来了，肯定是一条傻鱼。”

人有傻人，鱼就会有傻鱼，这样的幽默足以怡情养性，其乐融融了。

生活是平淡的，正因为平淡，我们才需要更多的笑声，正因为平淡，我们才需要睁大眼睛，善于发现，用一颗善良的心去体验，用一张巧妙的嘴巴去表达，让自己的幽默随时随地地给自己带来欢乐。

爱因斯坦是著名科学家，可是他的衣着却相当普通，有个朋友看见了，就好心地劝他应该添一件新大衣了。

爱因斯坦回答说：“没有这个必要，在这里又没有人认识我。”

过了几年，爱因斯坦名声大震，可他仍旧穿着那件旧大衣。那个朋友碰见他，就再次劝他换一件新大衣。

爱因斯坦淡淡地说：“用不着了，现在这里的每一个人都已经认识我了。”

爱因斯坦就这样安于平淡而普通的生活，而把自己的主要精力都投入科学研究中，才取得了非凡的成果。

平淡的生活是由一件件小事组成的，那么普通，又那么实在，如果我们视而不见，就会如流水一样悄悄逝去，再无踪影。如果我们拥有幽默细胞，就会发现身边的每一件小事，也都能被我们拿来幽默一下，使我们的生活充满更多的乐趣。

父亲睡着了，一个劲地打呼噜，可儿子还在写作业，被父亲的呼噜扰得写不下去。

儿子就把父亲用力推醒。父亲睁开眼睛，很不高兴，训道：“你推我干什么?”

儿子说："爸爸，我看你打呼噜打得太累了，叫你起来歇一会儿，然后再接着打。"

听了这话，正恼怒着的父亲就转怒为喜，哈哈大笑了。

可见，只要我们开动脑筋，善于从多个角度、多个侧面去看待生活，就能从平淡的生活中发现幽默的成分，让欢乐来到自己身边。

## 在生活的困境中"没事偷着乐"

电影《没事偷着乐》的主人公张大民是由著名相声演员冯巩扮演的，他的出色表演为我们带来了笑声，也让我们从中感觉到了生活的苦涩和沉重。张大民新婚时没有房子，只好在自家院子的角落挤盖一间。院子里的一棵大树竟赫然位于房子中间，这是多么触目惊心的幽默啊。当他们生下孩子时，那颗大树的树干竟成了晾晒尿布的地方，他们抱着孩子的欢笑又是一幅多么惊心动魄的"苦中作乐"图啊。

影片最后，张大民带孩子去逛公园，他告诉孩子这就叫作"幸福"，孩子天真地说："那我不是天天都在幸福中吗？"张大民回答说："是啊，你就没事偷着乐吧。"

生活的困境是不幸，但我们没法逃避，一味地愁眉不展也不是办法，那么我们何不学学张大民，也来个"没事偷着乐"呢？

托尔斯泰是世界级的大文豪，有一天他去火车站接朋友，由于他的衣着太普通，竟在站台上被一个贵妇人误认作搬运工，贵妇人就吩咐他到车上去为她搬运箱包。

托尔斯泰毫不犹豫地照办了，搬完后，贵妇人给了他五个戈比。这时，他的朋友下了火车，过来同他打招呼。一旁的贵妇人顿时傻眼了，这才知道眼前的"搬运工"竟是大名鼎鼎的托尔斯泰。

贵妇人十分尴尬，一个劲地道歉，并请求让她收回那五个戈比，以维护托尔斯泰的尊严。托尔斯泰却微笑着说："用不着，这本来就是我应得的报酬嘛。"

大家都笑了起来。

大文豪被认作搬运工，本是十分难堪的，但托尔斯泰却用自己的幽默，把难堪的气氛转化成了笑声。除了他具有发达的幽默思维外，我们还必须认识到，他始终把自己当作一个普通人、淡然处世的良好心态，使他不觉得做搬运工是一件耻辱的事情，因此他才能在困境面前，一直自得其乐。

郑逸梅先生是著名的学者，他曾经写了一篇《自暴其丑》的文章，详细罗列了自己在生活中遇到的困难和自己的一系列缺陷，把自己陷入的困境都付与幽默的一笑中。

这篇文章是这样写的："我今年九十三岁，两鬓早斑，顶发全白，所谓'皓首匹夫'这个名目，是无可否认的。加之，齿牙脱落，没有镶装，深恐镶装了不舒服，未免多此一举，索性任其自然，好在我的食欲并不旺盛，能吃的吃一些，不能吃的也就算了，这岂不成了无耻（齿）之徒吗？老伴周寿梅，逝世已愈十多年，鳏居惯了，反觉得不闻勃然交谪之声，一室寂静，悠然自得。但《书经》有那么一句话：'独夫，纣。'指无道之君而言。我是无妇之夫，单独生活，那'独夫'之加，也不得不接受。我患有冠心病，时发时愈，所谓'坏良心'，我是不打自招的……"

郑逸梅先生在九十三岁高龄、生活中遇到种种不如意的情况下，还能如此乐观，写出了这篇妙趣横生的幽默文章，对于我们这些身强力壮的人来说，遇到生活中的一些挫折和苦恼，又有什么想不开的呢？

让我们也来"没事偷着乐"吧，能够在艰难的现实中胸怀幽默，善于在困境中发出欢乐的笑声，就足以证明我们是生活的强者。我们就会在生活的海洋中如鱼得水，游得更欢畅，游得更尽兴。

# 第三章　幽默的应用与技巧

幽默的表达大都是人际交往中自然诱发出来的，很大程度上需要诙谐的心理素质和迅速的反应能力，而这些往往得力于先天遗传，自我养成和后天有目的的训练。如果没有足够的训练而刻意为之，往往弄巧成拙。要增强幽默感，最好的办法并不是在理性上作系统的训练，而是在实践中勤于应用，在应用中提高。

## 幽默的比喻技法

比喻可以表达生动、具体、形象，被广泛地运用在交际中。

在庆祝会上，双方的总经理频频祝酒。一方的公关部主任站起来，对双方的合作进行了一番令人叫绝的介绍。

我们两家公司，一家在海南，一家在河南，可以说是“南南合作”。各位知道，国际上的南南合作是世界经济发展的共同体。我们两家公司的“南南合作”，是联谊发展的姊妹连体。我们南南相助，南南相连，南南相合。现在，我可以告诉各位，我们这种秦晋之好的合作已结出了丰硕成果。今天正好是七月七，喜鹊已把天桥架通。愿我们天天都在七月七中度过。

这段演讲，巧妙地运用了“南南合作”“姊妹连体”等比喻，生动地道出了两家公司配合默契的联合，并对发展前景作了愉快的预测，寓意十分深刻。

比喻是导致幽默的重要方法。其主要功能是造成语言的形象性。那些让人感到别致，出乎意外，乖巧讹诈的比喻是导致幽默滑稽的最佳材料。

《笑林广记》中有这么一则笑话：

一县官拜见上司。谈完公事后，上司问：“听说贵县有猴子，不知都有多大?”县官回答说：“大的有大人那么大。”县官自觉失言，赶忙补充说：“小的有奴才那么大。”

这里，县官情急之中言语失礼，冒失之后，赶快补救，贬低自己，以示道歉，更是拍马，令旁观者哑然失笑。

用比喻进行幽默要自然得体，不露痕迹，给人以天衣无缝之感，方可令人解惑。

一次，一位年轻人请爱因斯坦解释什么叫相对论，他生动而幽默地打了一个比方：“当你和一位美丽的姑娘坐上两小时，自己感到好像坐了一分钟；但要是在炽热的火炉旁哪怕只坐上一分钟，你却感到好像是坐了两小时。这就是相对论。”

## 刻意运用夸张

夸张之法，其实生活中随处可见。比如：“他啊，真是死要面子!”“我是白手起家的。”只是这些例子为人们习以为常罢了。我们这里所说的“夸张”与修辞格的夸张有些不同，主要是指讲话者把自己的经历或能力或所见所闻用令人吃惊的语言渲染、吹嘘到离奇怪诞乃至荒唐的程度。运用夸张时，需要一种调侃，达观的态度，可以运用大词小用等方法。

一个急性子，一天进城，刚入面食店便大叫大嚷：“为什么还不上面条来？”店主端来面条，说：“快点快点，我要洗碗了！”

他回到家里，对妻子说：“我快气死了。”

妻子立即收拾包袱，说：“你要死了，我去改嫁！”妻子改嫁的第二天，后夫要跟她离婚，她问什么原因，后夫说：“你为什么还不生儿子？”

这几位急性子，一个比一个急，整个故事中很多地方都是大词小用，造成强烈的不和谐效果，从而产生幽默感。

夸张还可以用来讽刺怪诞、吝啬与愚昧。

齐国有一位健忘症患者，病情严重，他妻子叫他去找著名的郎中艾子给治一治。他骑着马拿着弓箭就出去了。不一会儿他因为要大便，就把马拴在树上，箭插在地上。大便完了以后，他看到地上的箭吃了一惊说：“好危险，哪里射来的箭？几乎射中我。”他又看到树上拴的马，大喜说：“虽然受点虚惊，可拾到一匹马。”他拉起缰绳就要回家，脚却踩在自己拉的大便上，跺脚骂道：“真倒霉，踩了一堆狗粪，把脚弄脏了。”他打着马回到家里，却不知道这是什么人家。他妻子大骂他一顿，这个人又很惊讶，说：“我从来不认识你，为什么要骂我？”

这个故事把健忘症的言行夸张到了怪诞的地步，自然会招致一连串的笑声。

夸张常用来吹牛，吹牛者神吹海聊，以博一乐。

有两个人相互吹嘘自己国家的桥高。

甲："在我们国家的那座桥上，一个人如果想自杀。十分钟后才能落水淹死。"

乙："这算什么？在我们国家的那座桥上，一个人想跳下去自杀，你猜他是怎么死的？是饿死的。"

有两个人相互吹嘘自己国家的机器技术先进。

甲："我们国家发明了一种机器，只要把一头猪推到机器的入口处，然后转动把手，香肠便会从机器的另一端源源不断地出来。"

乙："这种机器早已过时了。我们国家现在发明了一种机器，如果你觉得香肠不合口味，只要将把手倒转一下，猪便会活蹦乱跳地从原入口处退出来。"

真正的神侃海吹，听众不笑痛肚皮才怪。

## 运用言语双关技巧

利用词语的多义现象有意使其具有双重含义，达到言在此而意在彼的表达效果，这叫双关法。双关法的最大妙处在于，你听着似乎觉得我在说我，或说其他。但你听得出来，实际是在说你。这样，说者处于主动的位置，任意地指桑骂槐，而你却抓不着明显的借口去反击，只有承受。听、想、理智地或进或退。

双关法还可以用来愚弄坏人。

郑板桥年少聪颖。他家乡有个财主十分霸道，人们在路上见到他都得叩头，让路。郑板桥设法要治一治财主。他和给财主喂驴的孩子商量好，每天背着财主，向驴鞠个躬就打一下驴，再鞠个躬又再打一下。后来，只要郑板桥向驴鞠躬，驴就惊跳起来。一天，郑板桥见财主骑驴过来，冲着驴子就鞠躬，驴子乱蹦乱跳，把财主摔倒在地上，磕得鼻青眼肿。过了几天，财主又骑驴出门，郑板桥连忙迎上去鞠躬，驴子又惊得乱蹦乱跳起来。财主急忙下驴，哭笑不得地说："郑板桥，你小小年纪就这样知礼，实在难得，以后就免了你的礼吧。"郑板桥高兴地说："那我还得谢谢你这条蠢驴呢？"财主忙说："不必！不必！"

郑板桥巧用双关，讽骂财主，痛快淋漓。令人忍俊不禁。

双关也可以用来调侃生活。当我们在有些场合煞有介事地讲着下面这个故事时，一定挺有意思。

> 小亮出院了，高兴地向医生告别："再见，医生！"
>
> 小亮的奶奶在一旁听了，很生气地说："再见，你还要来医院吗？"小亮慌忙改口说："那……医生，永别了！"

小亮在这里无意之中撞上了双关运用，弄得表达更为糟糕。

## 正话反说法

有一种是正话反说，表面是否定，实际是肯定，形贬实褒，形成大起大落的语言变化，透示出诙谐之乐趣。

一个朋友好久不见，突然见面，发现他长胖了。你可以这样调侃："你看起来越来越有膘了！"这带点戏谑性的幽默似乎不太难。如果换成正话反说："啊！你怎么越来越苗条了！"幽默的表达令你的朋友嗔怪地笑起来。

从字面上讲，这似乎荒诞不经，但从深层次上理解，它传达出另一层意思，虽不明言，却了然于心。二者一对照，反差很强烈，谐趣就形成了。

还有一种是反话正说，表面是肯定，实际是否定，形褒实贬，形成大起大落的语言变化，透示出诙谐之乐趣。

这些方法被广泛运用于相声、小品之中。有一篇名为《挤车的诀窍》的讽刺小品，正儿八经地说着反语。

> 朋友，你可知北京乘车之难？……上下班乘车都成了一门学问。
>
> 先说上车，车来时，上策为“抢位”——犹如球场上的抢点。精确计算位置，让车门正好停在身边，可先据要津之利。当然，必须顶住！此中诀窍是：上身倾向来车方向。稳住下身，千万莫被随车涌来的人流冲走。中策则贴边。外行才正对车门，弄得拥来晃去，上不了车，枉费心力。北京人不同于外地人，哈尔滨人上车是“能者为王”，上海人多少会顾及颜面，但动辄大呼小叫，使你无心恋战。北京人又想讲点风格又想早点上车，但绝不会在车门前上车。最好的办法是贴住车厢，装出一副泰然自若的样子，一点一点地把“无根基”者拱开。只要一抓住车门，你就赢了。老北京都精于此道，所以售票员洗车，从来无须擦车门两边——那全是老北京的功劳。下策呢，可称“搭挂”，将足尖嵌入车门（万勿先进脑袋），而后紧靠车门，往里“鼓涌”，只要司机关不上车门，他就得让你上车。

这里反话正说，表面教人不守秩序，实际是讽刺不守秩序之士。由于这些以肯定语气讲的话是明显荒谬的，因而才是可笑的。

生活中，很多人善用此法讽刺丑恶，鞭挞罪行。宗先的《于无声处》中的一个角色在评价他不以为然的人物时说：“我告诉您了，根据报纸上官方介绍，他是天底下头等大好人，浑身上下毫无缺点，连肚脐眼也没有。”

反语一般运用于轻松活泼的场景，但在美国，人们甚至可以从那些严肃认真的交通指示牌上发现反语，在美国西海岸一条公路的急转弯处有一幅标语牌是这样写的：

> 如果您的汽车会游泳的话，请照直开，不必刹车。

提醒人们刹车却反说成不必刹车，这则反语绝无讽刺嘲弄的意思，它只是给人一个别具一格的警示。

## 刻意使用错别字

错字是指用错的字，别字是指用混的字，使用者一般是知识贫乏者或一时失误者。这些人如果堂而皇之，打肿脸来充胖子，使用起错、别字来脸不改色心不跳，反而俨然学者风范，势必产生怪异，形成幽默。

从前，有一个县官不大识字，这天坐堂问案，师爷递给他的条子上，写了三个人的姓名，一个是原告郗工来，一个是被告齐卞丢，一个是证人新釜。

县官看了郗工来的姓名。喊道："都上来！"

三人听到"都上来"，急忙都跑到堂前听审。

县官生气地说："我是喊原告，你们干什么一起上来？"接着，他看了齐卞丢的姓名，又喊："齐下去！"

三人听叫"齐下去"。都急忙退到堂下。

县官更生气了，说："我喊被告，你们干吗一齐下去？"

师爷听了，知道县官读了别字，但又不敢直说，因此故意说："原告姓名，另有一种念法，叫郗工来，不叫'都上来'；被告姓名，也另有一种说法，叫齐卞丢，不叫'齐下去'。"县官说："那个证人的姓名，另一种念法叫什么呢？"

师爷道："叫新釜"。

县官说："我估计他另有一个念法，要不然，我就喊他'亲爹'了。"

县官斗大的字认不了几筐，还故装文雅，结果错字迭出，产生笑话。

在一家副食品店门口。服务员刚在牌子上写完"现在另售"四字。旁边一位顾客说："同志，零售的'零'，你写的是别字。"服务员瞪了他一眼说："得了吧，'别'字还有个立刀旁儿呢？"

服务员错用文字不懂装懂，令人好笑。

## 巧用同音异义词

巧用同音异义词，是一种典型的戏弄、调笑言辞。

清代智辩家纪晓岚和和坤当时分别担任侍郎和尚书，有次两人同席，和坤见一狗在桌下啃骨头，问纪晓岚："是狼（侍郎）是狗？"

纪晓岚马上回答："垂尾是狼，上竖（尚书）是狗。"

说实在的，两人都在骂人，但都含而不露。谑而有度。特别是纪晓岚，急中生智，巧用谐音，以眼还眼，以牙还牙，令人称快。

无独有偶，在狗啃骨头上做文章的苏东坡也有一绝。

这天，苏东坡与友人、承天寺参蓼泛舟赤壁，见一狗在河滩上啃骨头，马上灵机一动，说：

"狗啃河上（和尚）骨。"

参蓼一听，觉得话中有话，马上回敬一句：

"水流东坡诗（尸）。"

两人听罢都哈哈大笑。因为，表面听来，是吟诗写实，颂扬风雅，实际是相互戏弄，相互嘲笑。

同时，也可通过谐音构成双关产生幽默。

清代末年，李鸿章有个远房亲戚，不学无术却参加科举考试，试卷到手，不能成文。焦急之余，想在试卷上写上“我是当朝中堂大人李鸿章之亲戚。”他因不会写“戚”字，竟写成“我是李中堂之亲妻。”主考官阅后，批道：“所以我不敢取（娶）。”

由于主考官取考生的“取”与“娶”同音，就把两件风马牛不相及的事扯到了一起。也正是这读音的巧，让人感到妙不可言。

## 将词语巧妙拆合

将凝固性很强的词强行拆开可以打破原有词义表达的平直，使之“变形”，因而生动有趣。

看下面几例：

①焦大以奴才的身份，借着酒醉，从主子骂起，直到别的一切奴才，说只有两个石狮子干净。结果怎样呢？结果是主子深恶，奴才痛绝，给他塞了一嘴马粪。

②他这人风趣诙谐，着实将眼前的财主们幽了一默。

③年前毕业的当儿，不是早已在师长和同学们面前——简直是在全世界面前，宣言他要精心结构“创”部“作”么？

④流亡四方，生活艰苦，一直希望有个固定的家，可是奔波了几年，一直还是不固不定啊！

⑤现在不像以前，大胆地干吧，不会革你的命的！

以上五例中，“深恶痛绝”“幽默”“创作”“固定”“革命”被有意强行拆开使用，使表达生动活泼，平添情趣。

同样，将根本不能合成使用的词硬性凑到一起，也可产生俏皮幽默之感。因为，在语言运用中，每个词都有固定的含义，有固定的词性，有固定的搭配对象。这些都是约定俗成的，不能有意打破这种固定配合。否则，就形成不协调，产生谐趣。看以下几例：

①他每每回家，总是操起他那塑料普通话喊爹叫娘，弄得父母直说他是：“一年土，二年洋，三年不认爹和娘。”

②有一个小伙子，看到一对青年坐在高高的城墙上谈恋爱。他叹息说：“呵，这么陡峭的爱情！”

③好啊，从脑子里往下流，大概离头发还有三四里地，找出个带锤的笑话来。

以上三例，“塑料普通话”“陡峭的爱情”“带锤的笑话”都是生硬扭合的表达，其滑稽效果不言而喻。

## 故设顿歇产生幽默

平时我们所说的顿歇即停顿，是指语句或词语之间声音上的间歇。顿歇有区别意义的作用。

像下面一段文字：

“世上如果男人没有了女人就倒霉了。”

这句话有两种停顿方式：

“世上如果男人没有了，女人就倒霉了。”

“世上如果男人没有了女人，就倒霉了。”

停顿不同，意义正好相反。

幽默技法的顿歇，意思是停顿后反转，即故意把一句完整的话拆开，给人一个悬念，将其注意力引向某一方向，然后通过停顿，反转出趣味来。最常见的例子是“司令员发枪”。

某司令员对部下说：“一个人一杆枪——”战士们欢呼雀跃，激动不已。“这是不可能的。”战士们大为失望。“两个人一杆枪——”战士们鼓掌。“但这也是不可能的。”战士们垂头丧气。“三个人一杆枪——”战士们不抱什么希望。“还是可能的。”大家惊喜，毕竟有枪了。“是木头枪。”

这里，司令员运用“滚雪球”的方式，采取停顿方法造成出乎意外的语义突转，趣味横生。著名语言学家吕叔湘曾用过这种方法。

有次，会上发言。他说：“今天，我要讲很长的话——”全体与会者发出叹息。他接着说：“大家是不欢迎的。”听众释然，鼓掌。

这里，发言者运用停顿有意设下圈套，让人感觉到其发言很长，不料停顿之后意义突转，语义前后反差强烈，产生幽默效果。

停顿法多用于相声、小品等演出场合与生活中的逗笑场合。如相声《海燕》中有一段：

甲：她们都牺牲了——

乙：啊?!

甲：一顿午饭。

乙：嗨，你一块儿说不行吗?

生活中可运用这种方法逗乐，如：

“来了的和尚未来的工人都要努力学习。”在“尚”后停顿。

平时，在表达幽默故事时，要停顿适时，述说平稳，加强语义落差，表达起伏跌宕，将笑声推向极致。

# 仿拟文句法

在人际交往中，恰当地运用仿拟可以更好地帮助你沟通与交际对象的情感；可以把原本很生硬、很无味的“死”语言化为生动活泼、诙谐幽默、意趣横生、新颖奇妙的“活”语言，可见，仿拟是幽默赖以产生的一块“肥沃的土地。”仿拟主要借助于某种违背正常逻辑的想象和联想，把原来适用于某种环境、现象的词语用于另一种截然不同的新的环境和现象之中，产生一种新鲜、奇异、生动的感觉。

有人曾模拟刘禹锡的《陋室铭》另编一首词以讽刺学生不正之风。

分不在高，及格就行；学不在深，作弊则灵，斯是教室，惟吾闲情。小说传得快，杂志翻得勤。琢磨下象棋，寻思看电影。可以打瞌睡，写家信。无书声之乱耳，无复习之苦心。虽非跳舞场，堪比游乐厅。心里云：混张文凭。

读罢此文，人们定于熟悉的《陋室铭》模式中领略到一种与之格格不入的别义，仿拟后的新义与原义形成对照，产生不协调感。

仿拟的关键处在于出人意料地把毫不相干的事扯在一起，内容越是风马牛不相及越好，距离越大越能引起惊讶，仿拟本体与新词结构越相似就越有幽默性。因此，这种方式被广泛运用于相声、演讲中。如下段演讲：

还有多少教师无房屋住，他们只能几个人挤在一间太窄的房里办公，批改作业，他们只能空谈希望，望“楼”兴叹。在这里我要大声疾呼：各级各类领导，为我们的教师做点实事吧！早得广厦千万间，大庇天下教师俱欢颜！

下面是仿拟成语的一个例子：

作家——投笔从“融”；历史学家——谈“股”论“金”；书法家——玩物丧“字”；技术人员——坐以待“币”；银行人员——持“资”以“横”；记者——言为“薪”生；教师——谆谆“叫悔”；演员——多“财”多艺；出版商——添“资”加“页”；受贿者——据“礼”力争；抢劫者——无“为”不至；中小学生——“财”疏学浅；家庭教师——因“财”施教；老实人——愚昧无“资”。

## 大词小用法

大词小用即把一些意义比较“重”“大”，一般只用在反映大场合、大事件等语言环境中使用的词语放到同它不相称的小场合、小事情中去使用，同时使所述事物“升级”，小题大做，这样就破坏了平衡，产生了幽默。

作家冯骥才访问英国时，一个非常友好的华人全家来访，双方相谈甚欢。突然，冯骥才发现客人的孩子穿着鞋子跳到了他的洁白的床单上，而孩子的父母并没有发现。这时冯骥才的任何表示不满的言词或表情，都可能导致双方的尴尬，倒是幽默帮了大忙。微笑着对孩子的父母说：“请把孩子带到地球上来。”

作家大词小用，使双方会心一笑，问题解决了。

在讲话或作文时，大词小用如果交错出现，纷至沓来，效果必定是“喜不胜收”。我们下面看看一个不愿读书小孩的幽默：

“放寒假了，爸爸不让我游戏人间，说是会玩物丧志，硬要我天天背《成语词典》。”

“让你背《成语词典》?”

“那么厚，八百九十页，叫人惨不忍睹，我一看见它，就多愁善感了。我要不背，爸爸就入室操戈。我要跑，他就要打断我的腿，要削足适履。爸爸力气大，打起我来重于泰山，不像妈妈打我轻于鸿毛。爸爸一个耳光把我打得犬牙交错。我只好背，背得肝脑涂地，满脑子的成语。”

大词小用的应用范围极其广泛，日常生活中俯拾即是。如两个好友突然不再来往，旁人就说：“他们已断交。”后若和好如初，就说：“又恢复了外交关系。”

## 套用方法

套用一些成语、惯用语等固定的语言形式或把人名、地名、书名、影片名套放在一起，表达出似通非通的内容，有很强的喜剧色彩。这种成语、惯用语的套用主要是要“巧”，巧得正好行文，使意义显得似通非通，不伦不类，遂成笑料。

清末张南庄所著的滑稽小说《经典》中，有许多这样的套用现象。

①软骨头鬼听说，便拿了一把两面三刀，飞踢飞跳地去了。

②活死人看这道士时，戴了一顶缠头巾，生副吊蓬面孔，两只胡椒眼睛，一嘴仙人黄须，腰里绉纱搭膊上，挂几个依样画葫芦。

这里，“两面三刀”，套用了成语，“依样画葫芦”套用了俗语，这与语境相背甚远的形式被换贴标签后强行亮相，显得很不协调，以至引发笑声。

这种方式主要用于调侃，在相声中常见。如下段相声：

乙：干脆，你有什么菜吧。

甲：凉菜有狼心狗肺，鼠肚鸡肠，提心吊胆，抓耳挠腮。

乙：吃完了我非中毒不可，热菜有什么？

甲：给您杀了一只呆若木鸡，蒸了一条缘木求鱼，熬了一锅行尸走肉，煮了一碗通宵达旦，红烧虎背熊腰，清炖马失前蹄。

这则相声极尽断“词”取义之能事。表面听来简直是胡说八道，可听过之后，谁不捧腹大笑呢？

下面我们再看看把人名、药名、书名、影片名联到一起的方式。

在一家中药铺。门上有一对联，全是药名：

白头翁，持大戟，跨海马，与木贼草寇战百合，旋复回朝，不怕将军国老。

红娘子，插金簪，戴银花，比牡丹芍药胜五倍，苁蓉出阁，宛若云母天仙。

对联中巧妙套用了药名：白头翁、大戟、海马、木贼、草寇、百合、旋复、将军、国老、红娘子、金簪、银花、牡丹、芍药、五倍、苁蓉、云母、天仙。巧妙组合，别有新义。

把电影片名称套合在一起，表达一种似是而非的含义，也趣味盎然。

一位中学生在演讲。当他描述他们一些同学的心态时，运用电影名称表达。

星期一——《走向深渊》；

星期二——《路漫漫》；

星期三——《夜茫茫》；

星期四——《黎明前的黑暗》；

星期五——《归心似箭》；

星期六——《虎口脱险》；

星期日——《快乐的单身汉》。

下面是一段以“我”字为中心的影片连缀：

我，就是《我》。《我不愿意长大》；《我这一辈子》……我尊敬《我的老师》，喜欢《我的孩子》，爱逗《我们的小花猫》。在《我和我的爸爸》《我的舅舅》以及《我、你、他》之间，《我们的肤色》是一样的。

《曙光照耀我们》《我们爱大海》《我们爱农村》《我们爱科学》……为建设《我们的田野》《我们的家园》，《我和我的同学们》——《我的十个同学》《我的好朋友》《我过去的朋友》《我的朋友流浪汉》以及《我们村里的年轻人》——如今《我们是同志》《我们是一代人》；《我在他们中间》。唱过许多《我心中的歌儿》：《当我们年轻的时候》《我要写下去》《这是我应该做的》……

我想，任何人都不能以《我就是法律》，来欺压平民百姓；尤其在《我们夫妻之间》，更应互敬互爱！我常祈祷我的《心上人》，请你《不要离开我》！《明天只有我》，你若《再塑一个我》那可不得了！请你不要忘记——《我们是八路军》给介绍的对象，这是《我们要结婚》时我才知道的。既然《我们这样相识》了，你为什么还说“《我们好像见过面》?”为什么又说“《我爱你，再见》!”

# 运用歇后语表达幽默

歇后语是一种戏谑性的修辞语体，又叫俏皮话。由于它往往远及其他无关事物，而又强加比附，故常常奇趣横生，荒诞怪异。如形容人做事有条不紊或唱曲子有水平从容不迫，口语叫作有板有眼。这是一个带褒义的词语，可有一个歇后语是："光屁股坐板凳——有板有眼。"这里的"板"指板凳之板，而"眼"则指肛门。

应用歇后语形成幽默机制必须突出联想的新颖，前后两部分要有强烈的不谐调感。如："猪八戒戴花——自觉其美。"本身就蕴藉着顽皮与不协调，其情景很诙谐可乐。

应用歇后语生动形象，趋"俗"避"雅"，前后毫不相关的意义巧妙地安排在一起，一经顿悟，妙不可言。如：

老太太的脸蛋——纹皱皱（文绉绉）。

老鼠给猫刮胡子——溜须拍马。

歇后语在相声与演讲中使用频率很高，用以表达轻松、活泼、生动的气氛。

例如相声《垫话》中的一段：

乙：您的相声说得好啊！

甲：哪里哪里，也就是……马槽改棺材——

乙：怎么讲？

甲：将就材料。

乙：不对不对。你这是拽着胡子过马路——

甲：怎么讲？

乙：牵须（谦虚）

下面我们看一些很有幽默色彩的歇后语：

外甥打灯笼——照舅（照旧）

瞎子点灯——借不着光

快刀切豆腐——两面光

六月戴毡帽——不识时务

黄连树下弹琴——苦中作乐

老虎头上拍苍蝇——没这么大胆

八十岁的奶奶抹粉——老俏皮

叭儿狗咬月亮——不知天有多高

阎王当参谋——尽出鬼点子

下雨天出太阳——假情（晴）

老鼠跳到钢琴上——乱谈（弹）

## 用对联产生幽默

巧用对联可产生幽默。

一对夫妇都喜好对联，面对嗜烟如命的丈夫，妻出联讥讽：

“张口闭眼，吞云吐雾，谁家男人似这般烧火先生？”

丈夫毫不理会，反唇相讥：

“拨嘴弄舌，说风道雨，哪个女子像那样泼水夫人？”

妻子见丈夫执迷不悟，又出一联：

“根根柱柱抽抽扔扔手手扔掉人民币；丝丝缕缕吸吸吐吐口口吸进尼古丁。”

丈夫看罢，深受教益，幡然醒悟，也撰一联：

“信是人言本应取信于人须言而有信，烟乃火因常见抽烟起火该因此戒烟。”

这些对联，形褒实贬，形贬实褒，寓褒于贬，寓贬于褒。高情雅致，风趣盎然。

在对联中，汉语的灵活自由，富有弹性的特色得到了最大程度的发挥，运用藏词、回环、拆字、镶嵌、双关、谐音等手法致谐成趣。

明代徐渭有一联，上联是：“好读书，不好读书；”下联是：“好读书，不好读书。”上下联完全一样，主要通过读音的不同来区别，上联的两个“好”字，前一个念第三声，后一个念第四声；下联的“好”字，前一个念第四声，后一个念第三声，年轻时耳聪目明，精力充沛，正是好读书的时候，却不爱好读书，到了晚年就不行了。对联告诫人们珍惜时光，好好学习。

对联对语言的使用达到了高绝的地步，因为它的新奇、巧妙而使人惊叹，觉得趣味无限。

再看二例：

一二三四五六七（八）

孝悌忠信礼义廉（耻）

上联隐去“八”字，即“忘八”，以谐“王八”之音作骂人语。下联隐去“耻”字，作“无耻”词。

二三四五

六七八九

横批是：南北。

上联隐“一”，下联隐“十”，横批隐“东西”，连起来，就是“缺一

（衣）少十（食），没有东西”。

下面再举几例趣联：

墙上芦苇，头重脚轻根底浅；

山间竹笋，嘴尖皮厚腹中空。

（比喻巧对）

看我非我，我看我，我也非我；

装谁像谁，谁装谁，谁就像谁。

（顶真戏台巧对）

咦，哪里放炮！

哦，他们过年。

（某地庙联）

稻草捆秧父抱子，

竹篮装笋母怀儿。

（趣联）

## 别义拆字法

汉字历史悠久，形、音、义丰富多彩，令众多才子佳人、文人骚客细细玩味，慢慢品评，做出了五花八门的文字游戏，玩出流传千古的文字幽默，妙语惊人，诙谐滑稽。

把字的形、音、义按特殊的情境拆析组合，使其产生新奇的含义，令人觉得幽默有趣。

宋代著名文学家苏轼与黄庭坚平时对酒当歌，游戏言辞，其乐无穷。有一次，黄庭坚请苏轼赴宴吃鱼，发出请柬，上面不写“鱼”而写“半鲁候教”，意即准备了“鲁”字的一半给你吃。过了几天，苏轼也请黄庭坚吃鱼，请柬写的完全一样。这一天，黄庭坚来到苏轼家，苏轼把他安排在院子里晒太阳。不提吃鱼之事。黄庭坚很纳闷，一问，苏轼解释说：“‘鲁’的上半截你已请我吃过了。我今天请你吃下半截。”

这种游戏在乾隆皇帝与纪晓岚之间玩得更是绝妙：

这天，纪晓岚陪皇帝过中秋节，很想念自己的家与亲人，被皇帝看出，皇帝说：“纪卿，你似有所思所想，莫不是——口十心思，思妻、思子、思父母？”纪晓岚聪明绝顶，以联相对：“皇上，臣久居朝中，思亲心切，若蒙圣上恩准省亲，可谓——言身寸谢，谢天、谢地、谢圣王。”

这里，双双巧用文字游戏联对答问，平添乐趣，令人拍案叫绝。

玩文字游戏还可借声音组合进行，绕口令就是一种。如下一例：

打南边来了个喇嘛，
手里提着五斤鳎目，
打北边来了个哑巴，
腰里别着一个喇叭，
南边提着鳎目的喇嘛，
要拿鳎目换北边别着喇叭的哑巴的喇叭，
哑巴不乐意拿喇叭换喇嘛的鳎目，
喇嘛一定要换别着喇叭的哑巴的喇叭，
喇嘛抡起鳎目抽了别着嘛叭的哑巴一鳎目，
哑巴摘下喇叭打了提着鳎目的喇嘛一喇叭，
不知是提着鳎目的喇嘛抽了别着喇叭的哑巴一鳎目，
还是别着喇叭的哑巴打了提着喇嘛一喇叭。

喇嘛拿眼瞪鳎目，

哑巴嘀嘀哒哒吹喇叭。

这样的绕口令，快速读来，非常拗口，兴味盎然。

## 重音转移法

语言中的重音，往往表达一种逻辑意义上的强调。如：

问："谁将去北京?"

答："我将去北京。"（强调"我"）

问："你将去哪里?"

答："我将去北京。"（强调"北京"）

如果故意避开对方表达中的重点，而强调非重点，对其本义进行别解或误解，则可产生幽默滑稽的效果。

贫寒的房客对房东太太说："你的房子怎么又漏雨了?"房东太太讥笑道："凭你付的房租，难道还想漏香槟酒不成?"

很清楚，房客的问话中，强调的重点词是"漏"，而房东太太则非常规地强调"雨"字，因而有了"你还想漏香槟酒不成?"的抢白。

下面再看两个发生在小朋友身上的幽默。

老师："小波，你为什么上课吃苹果?"

小波："报告老师，我的香蕉吃完了。"

父亲："你小子真没出息，我在你这么大的年纪时，可没撒过这么大的谎。"

儿子："那么，您是什么时候开始撒这么大的谎呢?"

两位小朋友的回答都有点"文不对题"，但他们都撞上了幽默技巧，因此表达天真而滑稽。

## 数目字表法

数目字本身是灰色的、枯燥的，如果让它们表达独到见解、真挚情感与形象画面，将使表达视角翻新，意味深长。

我们看下面一首诗：

一年老一年，一日没一日，一秋又一秋，一辈催一辈。一聚一离别，一喜一伤悲。一榻一身卧，一生一梦里。寻一伙相识，他一会，咱一会，都一般相知，吹一回，唱一回。

这首“一”字曲系元人所作，全曲共用了22个“一”字，而不见重复，写法奇特，真实地展示了人生的凄苦。

卓文君的数字诗，更是脍炙人口。

相传司马相如做官后，一去五年，杳无音讯。这天卓文君接到司马相如的一封信，只有“一二三四五六七八九十百千万”十三个字，卓文君深知丈夫情爱到头，恩断义绝，挥毫疾书，写下如下回信：

一别之后，二地相悬，只说是三四月，又谁知五六年，七弦琴无心抚弹，八行书无处可传，九连环从中折断，十里长亭我眼望穿，百般想，千般念，万般无奈叫丫环。万语千言把郎怨，百无聊赖十依栏杆，九九重阳看孤雁，八月中秋月圆人不圆，七月半，烧香点烛祭祖问苍天，六月三伏人人摇扇我心寒，五月端阳想起有情白娘偏遇无情小许官，四月枇杷未黄我梳妆懒，三月桃花又被风吹散！郎呀郎，巴不得二一世你为女来我作男。

卓文君的这首千古绝唱，新颖别致，堪称幽默佳作，读来荡气回肠，令人叹为观止。

由于运用幽默翻玩数字游戏，变抽象为形象，可以变死板为生动活泼，很多人总是从这些简单的“1、2、3、4”上找乐子。

用数字起名，别致有致。欧阳修晚年号六一居士，王安石号半山，朱耷号八大山人。用数字定姓，新奇古怪。唐玄宗有个中尉，姓“第二”名“从直”；元代有一个三旦八，做到云南行省右丞。

用数字算命，其乐无穷。

有三个进京赶考的秀才到一老道士前算命，卜算此番进京，谁能金榜题名。老道士伸出一指，秀才们很高兴，走了，小道士不解，问老道士：“您伸出一指，是什么意思？”老道士解释：“他们一共有三人，如果有一个考中，这个指头表示考中一个；如果有两个考中，就表示落榜一个；要是三个都考中，那就表示一起考中；要是三个都没考中，那就表示一个也考不中。”

这个道士真是要弄数字的高手，一个“一”字的奇迹般地变化出如此多的答案，这里头有欺骗性，但也不乏幽默性。

生活中，由于有些数字与一些实词谐音，很多人喜欢那些与表示吉利谐音的数字。如“8”表示“发”，“9”表示“久”，“6”表示“顺”等。

## 方言俚语表达幽默

方言是使用在一个小地区的本土语言，一般只为本地区的人们习惯使用。大众交际中，可能会引起语音隔阂，一旦误解，要么意义不明，要么产生笑语。

幼儿园老师说普通话，咬字不准。一天，临时有人来听课，她相当紧张。上课时，她取出一张图片，说：“小朋友们，把你们的图片拿出来！”小朋友误听成把肚皮拿出来，一个个翻开衣服，露出小肚皮。老师又问：“这图片上有什么？”小朋友们异口同声地回答：“肚脐眼！”

生活中，由于方言表达出现笑话的例子比比皆是。

一位湖南的技术员到外地出差，手头缺尺子用，便到商店去买。他走到卖尺子的柜台前，对柜台里的男售货员说：“同志，请你把‘妻子’（尺子）拿过来给我看看！”

售货员一听，很生气：“这是什么话，叫我把妻子给你看，你是什么东西！”技术员张口结舌，久久地愣在那里。

有个深圳人到北京出差，迷了路，就问一位姑娘：“小姐，让我吻吻（问问）你啦……”话未说完，脸上“啪”地挨了一巴掌，打得他丈二和尚摸不着头脑，他冲着姑娘叫：“你这人怎么打人？”

“就打你这流氓。”

“你这么金（珍）贵呀，我吻吻（问问）你都不行吗？”

“啪”地一声，姑娘又是一巴掌过去。

这真是冤枉，方言造成的被打，真是可气又可笑。

引起误会的情形很多，下面是语音方面的两个例子：

有一个武汉人到北京采购物品，这位采购员不会说普通话。他来到商店看到柜台里有一种小水壶。武汉人发“小水壶”的声音有点像北京音的“小媳妇”，而“小媳妇儿”在北京话中则是一句不太文明的话，售货员正好是一位年轻的姑娘。当采购员问道“同志啊，你这小水壶多少钱一个啊”时，恰好被售货员听成“你这小媳妇多少钱一个”，售货员很不满，但又不好发作，就狠狠地瞪了采购员一眼，采购员以为对方没听清，又大声问了一声。这时，售货员愤怒至极，大声回敬："流氓！"采购员却正好听成："六毛！"这时其他柜台的售货员以为这边发生了什么事都围了过来。看到这样物美价廉的小水壶，采购员手舞足蹈，大声叫喊："太好了，太好了，你们这些小水壶我全要啦！"闹得姑娘们群起而攻之。

还有一个语音误会，是不同民族语言交流过程中发生的错误理解。

一英国人到商店买钢笔，售货员是位老太太，不懂英语。英国人说："pen"。老太太拿出脸盆给他，英国人说："No，"老太太说"不漏"，"刚进的货怎么会漏呢？"于是照光线，试水，说不漏。没法交流，英国人走了，临走时说句："goodbye"，老太太也很礼貌："过天来买？也行。明天来买。"

## 荒谬答问法

生活中，经常碰到一些荒谬古怪的人和事，要么是对方故意难为你，要么是对方无意冒犯你。对此针锋相对，拍案而起，总觉有失观瞻，因此不妨运用以谬还谬的方法，让对方去体会他自己要求的不妥之处。

19世纪末，有位科学家发现了X射线，有一天，这位叫爱琴的科学家收到一封信，来信者说他胸中残留着一颗子弹，须用X射线治疗。他请科学家寄一些X射线和一份怎样使用X射线的说明书给他。

X射线是绝对不能邮寄的。如果科学家直接指出这个人的无知，也未尝不可。但就没有幽默情趣。这位科学家采用以谬证谬的手法，提笔回信："请把你的胸腔寄来吧！"

这里，科学家运用荒谬回答了荒谬，避开了正面交锋，产生了幽默效果。

下面这位荒谬者更令人头疼，编辑的幽默当属妙绝。

某刊物的编辑，在读完一位作者的两篇来稿后，发现几行简短的附言：

"我将在收到退稿的当天夜里，站在本市最高的建筑物上，把退稿撕成碎片，随风飘散，然后，我就双眼一闭——好好地想一想。"

面对这位作者荒谬的来信："大作已拜读，经研究决定，退你一篇，留下一篇。这样你在今夜站在高层建筑物上，好好想想时，只要闭上一只眼睛就够了！"

两人幽来默去，假里藏真，颇有一番嚼头。面对作者的荒谬要求，编辑用心良苦，以荒谬回敬之。

## 反常技法

反常法也应用于言语表达中，在特殊的语境中，对一些现象进行表白与解释，听来似乎言之有据，言之成理，其实是无稽之谈，以取得诙谐效果。

演讲比赛进入高潮，有一位演讲者上场：

"我给大家演讲的题目是：《论坚守岗位》。"演讲者嗓音甜润，吐字清晰。突然，她走下讲台，径直朝会场外走去。

台下听众面面相觑，先是小声议论，彼此猜测，继而喧声四起，怒不可遏。

难懂的五分钟过去了，演讲者慢慢地回到了讲台上，面对激怒的观众满怀激情地说："如果我在演讲的时候离开讲台是不能容忍的话，那么，工作时间纪律松弛、玩忽职守，擅离生产岗位，难道就不应该受到谴责吗？我的演讲完了。"

人们沉默片刻，随即爆发出雷鸣般的掌声。

这位演讲者的演讲能赢得掌声，是她运用了反常的表达方式，出人意料，意味深长。

反常法是用来对习以为常的生活逻辑的违反，令人感到不可思议而很富情趣的表达方式，常常有一种令人意外的快感。

在1989年春节联欢会上，著名滑稽演员周椿春上台后，向台前观众一鞠躬，向台左观众一鞠躬，向台右观众一鞠躬，这是正常的礼貌表示，观众鼓掌。不料他接着向无人的后台布景也鞠了一躬。这种反常的喜剧动作引得观众报以更热烈的掌声。

反常法也应用于言语表达中，在特殊的语境中，对一些现象进行表白与解释，听来似乎言之有据，言之成理，其实是无稽之谈，以取得诙谐效果。

1991年4月，凌峰在北京展览馆主持"海峡情"大型文艺晚会。

演出中，舞蹈家刘敏表演独舞《祥林嫂》时不幸坠落两米多深的乐池里。面对这突发事件，台上台下都愣住了，一时不知所措。

这时，只见凌峰不慌不忙地走上台来，摘下翘边儿礼帽，露出光秃秃的脑袋，然后弯腰向观众深鞠一躬，全场静下来了。凌峰发话了："我知道，大家此刻正牵挂刘敏跌伤了没有，那么请放心，假如刘敏真的跌伤了，我愿意后半辈子嫁给她！"一直揪着心的观众轻松地笑了。

凌峰突然一反其滑稽幽默的风格，显得激动而深情地说：“刘敏说，艺术家追求的是尽善尽美，奉献的是完美无缺，现在她要把刚才没跳完的3分钟舞蹈奉献给海峡两岸的父老兄妹。”

观众闻此感动至极，掌声经久不息。这掌声既是对刘敏顽强精神的赞赏，也是对主持人凌峰点石成金的解说的回报。

## 套用逻辑关系法

事物的发展有其内在的逻辑关系，人们要使与相关的事物顺利发展，就要认真分析，依照各自的逻辑关系，确定好相应的发展渠道。否则，将违反逻辑规律而导致表达错误。如果巧妙盗用其他事物的逻辑关系，刻意使不同类的事物按同一逻辑关系进行，幽默效果就可以形成。

牛津大学有一位叫作艾尔弗雷特的年轻人，有次在同学面前朗（读）诵了一首新诗。同学查尔斯说：“艾尔弗雷特的诗我很感兴趣，不过，我好像在哪本书中见过。”

艾尔弗雷特很恼火，要求查尔斯道歉。

查尔斯说：“我说的话，很少收回。不过这一次，我承认我是错了。我本来以为艾尔弗雷特是从我读的那本书上偷来的，但我到房里翻开那本书一看，发现那首诗仍然在那里。对不起！”

诗被抄袭，发表的原印刷物当然还在，查尔斯用偷东西的逻辑推理说明抄袭一事，创造了以上妙趣横生的笑话。

此外，当对方表达或实现的逻辑关系本身有错，被我们引申发现形成幽默，也属于此类。

儿子："爸爸，蘑菇是长在潮湿的地方吗?"

爸爸："是啊，长在爱下雨的地方。"

儿子："哎，怪不得蘑菇要长成伞样呢!"

约翰夫间有了矛盾，一连好几天不讲话，一天晚上，约翰先生从公司回来，感到很疲倦，饭后就上床睡了。他妻子洗好碗具，又干了些零活，上床已经很晚了。她瞥见床头有丈夫的一张纸条："夫人，明晨七点叫醒我。"

第二天早上，约翰先生醒来了，一看表已经八点了，再看床头也有夫人留下的一张纸条："约翰，快起来，现在七点了。"

这种方法在生活中可以用来善意地批评别人，效果很好。

有一次，我心血来潮，想把家重新布置一下，夫人说没人帮忙，时间又紧，建议我别干，但拗不过我，只得跟我一起上。沙发挪到南墙，电视往里推，床外移……最后留下大衣柜，衣柜太重，夫人说一起搬，我说："那不行，上次有四个人搬时，中间还休息了两次。"夫人说："咱俩可以休息四次嘛！还不一样?"我被夫人的一句话逗乐，深感"早知如此，何必当初"。

## 故意误解法

事物的内容靠形式来表现，不同的事物可以有相同的表现形式。一个人低头看地，可能他是在寻找东西，也可能是头疼难忍，一个抬头望天，可能是鼻子出血，也可能是在数星星，当我们看到事物不同的表现形式时，要调查清楚，了解其实质，如果想当然，按既定经验判断，就会导致错误；如果故意别解和误解，则产生幽默。

在野外夏令营活动中，一位姑娘想把一只癞蛤蟆赶出营地，以免她的猫去咬它。她不断地向它跺脚，癞蛤蟆就接连向后跳。这时，旁边有人大声说："小姐，你就是抓住它，它也永远不会变成白马王子的。"

小姐跺脚，意味着要赶走癞蛤蟆，但大家都知道童话中蛤蟆变王子的故事，所以也可以荒诞地用来意味她想抓住它，好使它变成英俊的白马王子。这一曲误的理解，着实挺有意思。

运用这种方式开玩笑，可以令生活其乐无穷。

一次，一位女教师在课堂里提问："'不自由，毋宁死！'这句话是谁说的？"

有人用不熟练的英语回答：

"1775 年，巴特里克·亨利说的。"

"对，同学们，刚才回答的是日本学生，你们生长在美国却不知道。"

这时，从教室后面传来喊叫：

"把日本人干掉！"

女教师气得满脸通红，大声喝问：

"谁？这话是谁说的？"

沉默了一会儿，教室的一角有人答道：

"1945 年，杜鲁门总统说的。"

生活中，所以利用这种别解方式来消除烦恼，去掉难堪，表达着乐观与博大。

一位来自新加坡的老太太在游武夷山时，不小心被蒺藜划破了裙子，顿时游兴大减，中途欲返。这时导游小姐走近老人，微笑着说："这是武夷山对您有情啊！它想拽住您，不让您匆匆地离去，好请您多看几眼。"

短短的几句话，就像和煦的春风，把老人心中的不快吹得无影无踪了。

## 将特殊性理解为普遍性

事物都有普遍性，也有特殊性。比如说：语言是人类用来交际的最简单的工具，而不同的语言又有不同的特点、构成与功能。其普遍性往往为人所共知，特殊性则为个别所了解、觉察。两者同时存在，相互辩证，不可或缺。在交际中，如果把对方表达特殊性内容的话语理解成普遍性，会影响交际的进行，如果故意误解并进行非常规回答，则会产生幽默。

一位名叫泰勒·特列斯姆的人生财有道，在报纸杂志上登了一则广告，宣传他有一种永远发挥作用的防治海洋晕船的药，只须寄上三克郎，即可得到。

数以千计的人给他寄来了钱，但收到的却是一个极为简单的答复："请留在陆地上。"

求药者所希望得到的是事物特殊性的回答：如何在航行时治疗晕船。而实际得到的是普遍性的答案：留在陆地上。这谁不知道，何必花钱买！

在实际生活中，我们可以按此种方法制造幽默，创造诙谐气氛。如下面两位正是，谁能说他们生活不愉快呢？

某人参加招聘考试。

主考："你是哪里人？"

求职者："我是中国人。

"主考："不，我是问你住在哪里？"

求职者："家里。"

如果这种回答发生在孩童之间，幽默从不经意中来，乐趣更是无穷。

娜佳阿姨："上次我们在这里见过一只小猫，它现在怎样啦！"

莎莎："娜佳阿姨，难道你真的不知道？"

娜佳阿姨："我什么也不知道呀！"

莎莎："真的？"

娜佳阿姨："真的！"

莎莎："它已经长成大猫了！"

## 旁敲侧击法

生活中，有很多人，心直口快，直来直去，批评别人无所顾忌，火药味很浓，既得罪了人，又达不到目的。其实，人人都有自尊心，只要运用得法，含蓄隐晦的妙语也可激起其心底的良知。

有一人应友人之邀参加家宴，友人很吝啬，仅仅招待了他几滴白酒。这人临走对友人说："劳驾你，请在我的左右腮帮上各记一记耳光吧。”友人问什么原因，这人说：“这样的话，我脸上通红，老婆才知我在你家吃饱喝足了，否则，不好交代啊！”

这位吝啬的友人也觉得不好意思，便拿出一个很大的酒杯，可倒酒时反盖上杯底。这人便向友人要一把锯子，友人很奇怪，这人回答说：“我是想把这杯子无用的上半部锯掉。”

这位先生面对友人的吝啬不好直说，转弯抹角，几句妙语实在值得玩味。既表达了自己的不满。也讥讽了友人的小气。

曲意嘲讽运用在生活中。一般有“含笑骂人”之功效。前些年，流行喇叭裤，有一小伙子的喇叭裤又长又大，一天，他母亲给他洗裤子，要他拿把剪刀来，他不解。问母亲拿剪刀干什么，母亲回答说：“你这‘扫把裤’用来扫地还不差，如果下面剪成条条，地板会扫得更干净。”小伙子笑了，笑得很不自在。

直话曲说，而且要尽量避开锋芒，说得委婉风趣，这就需要具有临场应变的机智。以上几位主人公的聪明才智表现在：既表达了自己的真实意思，又显示了自己的宽容，钝化了锋芒。这正是曲意嘲讽的幽默效应。

## 虚义实解法

语言交流中，有些实词用在特定场合并不表达实在含义。如：“我寻了你半天，真急死人了。”这里的“半天”并非正是十二小时，只是表示时间长，多长？就是一个模糊概念了。“死”也不是本义。这种实词虚用一般产生于代词，数量词之中。

如：

母亲：“孩子啊，股票交易是场危险的赌博，第一天赢，第二天要输的。”

儿子：“好吧，我隔天去玩一回。”

玩股票，输赢莫测，母亲深知其中风险，以借代方式巧妙地告诉儿子，不可沉溺其中。儿子主意已定，决心不改，利用虚语实解天真地“幽了母亲一默”。十分好笑。

平时，可运用虚语实解的幽默方式使生活充满乐趣。

一位小伙子，在向往多年之后，终于买了一辆崭新的摩托车，没想到高兴之余，车子撞上了电杆，好在人没事，摩托车可是车身全毁。他一面扶着摩托车，一面自嘲道：“我总是说，总有一天我会有一辆自己的摩托车，现在我确定有了，而且真正是拥有那么‘一天’。”

看罢这则幽默，我们在叹息小伙子撞坏新车的同时，似乎更敬佩他笑对挫折，笑对人生的情怀。

## 诡辩也有幽默

诡辩为人们常用，因为它可反映出人巧用周旋，善于开脱的机智，它往往运用迷惑欺骗人的言语外表蛊惑人心从而取胜。一般的诡辩当然为人们厌恶，如果诡辩得奇。辩得巧，那就可收到出奇制胜的幽默效果。

下面，我们看看智者阿凡提的一则诡辩故事：

阿凡提当理发师，有个人来剃头，总是不给钱，阿凡提想找机会整治他一下。

有天，此人又来理发。阿凡提先给他剃光了头，在刮脸的时候，问道："您要眉毛吗?"

"要，当然要!"

"好，您要我就给您。"阿凡提说着"嚓嚓嚓"几刀，就把此人的两条眉毛刮了下来，递到他手里。此人气得说不上话来。

"胡子要吗?"阿凡提又说。此人连忙改口说："不要！不要!"阿凡提连声说好，又是几刀，把他的胡子全部剃了下来，扔到地上。

阿凡提利用"要"的多义施展诡计，故意误用，逗得此人左右为难，连连上当。

诡辩所运用的方法有很多，如歧义法、暧昧法、反语法，谐音法、衍义法等。

一位老师向学生们许诺："谁回答了这个问题有奖，奖的是钢笔一打。"

一位学生答对了，老师拿钢笔在学生头上轻轻一打，说："你答得好，我奖品兑现。"学生们大笑不止。

这里运用的是歧义法。

一老先生有三个儿子，分别取名为"年纪""学问"、"笑话"。一天，三兄弟上山砍柴回来了。

傍晚，先生问夫人，"三兄弟打了多少柴?"老夫人回答说："年纪有一把，学问一点也没有，笑话倒弄了不少。"

这里运用的是暧昧法。

如果将这些方法综合运用，则会产生更奇特的趣味。

清代大学者纪晓岚聪明绝顶，知识丰富，思维敏捷。一个夏天，他光着膀子读书，突然有人报皇上驾到，他更衣不及，赤膊又不雅，便藏到床下去了。过了一阵子，没有动静，便钻出来问家人：“老头子走了没有?”不巧乾隆皇帝并没有走，听到了他的话，便问：“老头子什么意思?”纪晓岚急中生智，巧用诡辩，解释说：“万岁为‘老’，人上人为‘头’，‘子’乃圣贤之著称。”

纪晓岚出语不凡，智解困境，真是得力于他诡辩技巧之高超。

许多人还善于运用诡辩钻别人言语表达的空子，使生活充满笑声，充满阳光。

一位幽默大师正在演讲，忽然指着台上的一物体问听众：“这是什么?”

听众甲：“这是供你喝茶的杯子。”

大师：“不，这是圆柱体。”

听众乙：“这是玻璃制品。”

大师：“不，这是容器。”

听众丙：“这是一件美丽的工艺品。”

大师：“不，这是一个盛茶的杯子。”

大师巧用思维的多角度性，对杯子多面发挥，智趣的辩驳使大厅掌声不断。

## 运用杂糅法

按常理说来，人们的思维定式是统一的。如果运用不和谐并列的杂糅方法把一些毫不相关的杂物凑合在一起，就能产生不伦不类、滑稽可笑的效果。

一位大学生暑假到云南参加社会实践活动。联欢时主持人要他表演节目，性格内向的他一时慌了手脚，说了这么段话："我这个人从小就崇拜三种人：外星人、机器人、云南人。今天我见到我崇拜的云南朋友，心里简直激动得说不出话来……"

大学生的一席话滑稽可笑，不仅逗乐了人们，而且使自己从尴尬的境遇中"拔"了出来。

这种杂糅法常常出现在小孩的语言里，孩子们天真的表达，无意的错误往往令人捧腹大笑。

教师：猪是很有用的动物，肉可以吃，毛可以做刷子，谁能说出它还有什么用途？

学生：它的名字可以用来骂人。

学生的回答，打乱了人们正常的思维模式，把语义引向荒唐，转化出一个令人惊讶的结论，造成期望落空而致笑。

杂糅法可以用来开玩笑逗乐，增加生活情趣。如一青年想善意地贬抑一下朋友，便说："我这一生最佩服的就是希德勒、高俅、秦桧和老兄你了！"这里青年人把平凡的"老兄"与几个名人扯在一起，而以几个名人的低劣德行来嘲骂"老兄"，贬讽、调侃意义即出。

杂糅法广泛运用于相声中。如下例：

甲："白局长，我向你表红心。沉舟侧畔千帆过，病树前头万木春。野火烧不尽，春风吹又生。面对我的缺点错误，我脸不变色心不跳，泰山压顶不弯腰。我一定要高举红旗，认真读书，努力学习，搞好计划生育，除四害，讲卫生，节约粮食，不随地吐痰，搞好家庭团结，一日夫妻百日恩。"

乙："什么乱七八糟的？"

# 语体倒置法

交流中，突然改变特定语言环境中的特定意义，褒词贬用、贬词褒用、今词古用、古词今用、俗词雅用、雅词俗用，可令表达充满张力，增加情雅。

例如，台湾著名节目主持人凌峰在介绍自己时说："中国五千年的历史沧桑都写在我的脸上。"巧借移置，为自己满脸皱纹作了绝妙的打趣，让观众乐不可支。

谈情说爱本来是甜言蜜语，卿卿我我的。可一旦充斥了各种行业词汇，便顿生意趣。

我有一位朋友，她向我讲述过她与丈夫的爱情经历：

我在一所大学里做兼职的银行出纳员时，一个漂亮的小伙子几乎每天都到我的窗口来。他不是存款就是取钱。直到他把一张纸条连同银行存折一起交给我时，我才明白他是为了我才这样做的。

"亲爱的吉：我一直有储蓄这个想法，期望能得到利息。如果周五有空，你能把自己存在电影院里，我旁边的那个座位上吗？我把你可能已另有约会的猜测记在账本上。如果真是这样，我将取出我的要求，把它安排在星期六。不论贴现率如何，做你的陪伴始终是十分愉快的。"

"我想你不会认为这个要求太过分吧。真诚的波。"

我无法抵制这诱人、新颖的接近方法。

听罢这个故事，在欣羡我朋友爱情美满的同时，不得不叹服朋友老公求爱手段的高明。

移置可以打破语体间的界限。实行“横向交流”，造成语体的互相倒位。因此，此结果有巨大的喜剧性，被大量运用于喜剧表演中。

## 机械重复营造幽默

柏格森说：“……哪儿有重复，有完全的相似，我们就怀疑起在生动活泼的东西背后有什么机械装置在活动。……把生动引导到机械方面去，这就是这里引人发笑的真正原因。”

为了验证重复具有引笑功能，马克·吐温曾做过一次实验。有一次他在演讲前设计了一套近乎夸张的上台动作，连续做了五遍，机械地重复使台下听众忍俊不禁，大笑不止。因此，他告诉人们：“在幽默的领域里，重复的威力是很大的。”

有这样一个笑话，说的是一个特善溜须拍马，一见领导做事，总是用上：“亲自”二字。

领导参观画展。他说：“您亲自看看。”

领导下乡出差，他说：“您亲自出差。”

领导食堂吃饭，他说：“您亲自吃饭。”

有次在厕所碰到领导。他随口道：“您亲自……”觉得不行，改口为：“您亲自蹲点。”

相声中的三番四抖法，就是以重复为基础的，这里的“三番”即多次重复，多次重复，便让观众产生一种“惯性思维”，以为接下来的也是同一类型的表达，结果抖出另外一层结果，使人陷入窘境，导发人们的笑声。例如《海燕》中有一段：

甲：哟！你还真有点渔民的生活经历。

乙：我从小在海边长大的！

甲："这么说，你驶过船？"

乙：驶过！

甲：你也摇过橹？

乙：摇过。

甲：你也出过海？

乙：出过！

甲：你也翻过船？

乙："翻过……没翻过！"

重复，还被广泛运用于人民喜闻乐见的民谣、时政歌中，用以加强讽刺效果。

检查团未到惊天动地，检查团来时铺天盖地，检查团来后花天酒地，检查团走后威风扫地。(讽刺形式主义者)

## 颠倒事物关系法

什么事都有一个"理"。"理"的存在为人们司空见惯，如果擅自改变事物的前后关系。因果关系，主次关系、大小关系，理就会走向歪道，有时歪得越远，谐趣越浓。

下面的例子是最好的说明。

一位乞丐常常得到一位好心青年的施舍。一天，乞丐对这个青年说：“先生，我向你请教一个问题。两年前，你每次都给我十块钱，去年减为五块，现在只给我一块，这是为什么？”

青年回答：“两年前我是一个单身汉，去年我结了婚，今年又添了小孩，为了家用，我只好节省自己的开支。”

乞丐严肃地说：“你怎么可以拿我的钱去养活你家的人呢？”

乞丐喧宾夺主，对青年的责怪过于离谱，荒谬，令人们在吃惊之余，哑然失笑。

有一户人家，一贫如洗，一小偷夜入家门，主人虽然清楚，但很坦然，随便小偷去偷。小偷摸到了米缸，脱下身上衣服去包米，主人想这是明天的饭食，不能让他偷走，于是顺手把小偷的衣服拿了过来。小偷找不着衣服，惊醒了主人的妻子，妻子告诉丈夫有小偷。丈夫说：“没有贼，睡吧！”小偷抢白道：“没有贼，我的衣服怎么不见了？”

这则笑话中的小偷反客为主，斥问主人，令人好笑。

颠倒法的运用主要产生于对事物的不了解或误解。所以主人公往往是一些迂腐、乖愚、无知人士。他们往往以自己的行为经验来看待生活，衡量世事。

列车员看到一位老大娘的火车票说：“大娘，这是从南京到上海的车票，可我们这趟车是到北京去的。”

老太太一脸严肃地看着列车员，问道：“怎么，难道就连火车司机也没发现他开的方向不对吗？”

作为乘客，只能登上符合旅游方向的车，老太太以自我为中心，认为火车走错了方向，并要求司机转向，事理荒谬而可笑。

# 强词夺理法

强词夺理，就是歪理诡辩，也能够导致幽默。

作家王蒙塑造了一位患了“雄辩症”的强词夺理者。

医生说：“请坐。”

病人说：“为什么要坐呢？难道你要剥夺我的不坐权吗？”

医生无可奈何，倒了一杯水，说：“请喝水吧。”

病人说：“这样谈问题是片面的，因而是荒谬的，并不是所有的水都能喝，假如你在水里掺上氰化钾，就绝对不能喝。”

医生说：“我这里并没有放毒药嘛。你放心！”

病人说：“谁说你放了毒药了呢？难道我诬告你放了毒药？难道检察院起诉书上说你放了毒药，我没说你放毒药，而你说我说你放了毒药，你这才是放了比毒药还毒药的毒药。”

医生毫无办法，便叹了口气，换一个话题说：“今天天气不错。”

病人说：“纯粹胡说八道，你这里天气不错，并不等于全世界在今天都是好天气，例如北极，今天天气就很坏，刮着大风，漫漫长夜，冰山正在撞击……”

医生忍不住反驳说：“我们这里并不是北极嘛？”

病人：“但你不应该否认北极的存在。你否认北极的存在，就是歪曲事实真相，就是别有用心。”

医生说：“你走吧！”

病人说："你无权命令我走，这是医院，不是公安机关，你不可能逮捕我，你不可能枪毙我。"

这则对话有较强的幽默色彩。强辩者的蛮不讲理又振振有词的劲头，令人不寒而栗。其实，聪明的读者会发现，透过这些现象，我们可以感觉到强辩的背后蕴含有一个深刻的哲理。这深层意蕴的发掘，正是幽默所具有的功能。

强词夺理运用的方法有很多，如倒打一耙、胡搅蛮缠、指鹿为马、推诿搪塞、节外生枝、断章取义等。下面我们介绍运用倒打一耙法进行强辩的例子。

正值下班时间，公共汽车上十分拥挤。一位抱着未满周岁婴儿的妇女被挤得东倒西歪，怀中的孩子哇哇直哭。一位没座的老者十分同情，便极力温和地对一位坐在那里若无其事的青年女子说：

"同志，给她们母子让个座吧，怪可怜的。"

青年女子头不抬眼不睁：

"让座？我凭什么让座？我不是雷锋，找雷锋叔叔去让座吧！"

老者无奈，又说：

"助人为乐是一种美德。"

车里开始骚动起来，青年女子面对四周投来的谴责目光，颇有些窘，但顷刻间又转守为攻，冲着老者嚷道：

"美德'，也是你说的吗？说话唾沫星乱喷，都喷到我脸上了，还讲什么'美德'？"

像这位青年女子，不仅不让座，而且反咬一口，就是十足的倒打一耙的诡辩。因为从逻辑角度看，让不让座同"唾沫"之类毫无关联。

## 奇特释义法

假如有人问你："一头猪加一头驴等于几?"那你怎么回答呢?很可能你会觉得这个问题太古怪,叫人无法回答。如果你巧妙联想,无端联系,回答出:"一头猪加一头驴,结果等于我加你。"这虽然似乎不近人情,但是最幽默的回答,它运用了发散思维方法。

把两个表面似乎毫无联系的事牵扯在一起,从不协调中表达出新的协调。从而产生幽默。

翻开令人恐惧而又挺有新义的书《魔鬼辞典》,你会发现这种方法应用的频率很高。如它对"人"的解释:

"人:一种公共汽车,坐在其中的是祖先。"

看到鱼,幽默家会说:"鱼是这样一种生物,当渔夫们休假时,它们才能出去旅游。"这是一个绝妙的解释,为我们勾勒出一幅自然的野趣图,当"孤舟蓑笠翁,独钓寒江雪"时,鱼儿隐藏在水底,大气不敢出一口;当渔翁"酒醉饭饱黄昏后,不脱蓑衣卧月明"时,鱼儿们便成群结伴地嬉戏游玩。

下面我们再看几例:

广告:这是一种用真假参半的话编造谎言的艺术。它使你在不知不觉中被对方扒了口袋却乐呵呵地自以为占了便宜。

天才:生前被别人嫉妒和迫害,死后被别人称赞和自在的不幸的人。

公共汽车：这是城市的一种玩笑大师。你在后面追它时，它越走越快；而当你坐进它里面之后它却慢慢悠悠。

父亲：这个男人未征得你的同意就把你生到地球上，可是在以后相当长的岁月里，你无论做什么事都要征得他的同意。

古董：第一代人买下，第二代人抛弃，第三代人用高价买回的一个尿罐。

健美运动：这是一种折磨肌肉，白费力气的活动，它使女人变得像男人，使男人变得像超级青蛙。

## 一味机械死板法

柏格森在他那《论笑》一书中指出滑稽是“镶嵌在活东西上的机械的东西”。在瞬息万变的生活中，突然插进一个机械死板的表现当然好笑。

在卓别林表演的喜剧中，利用人物的机械僵化表现出的笑话，俯拾皆是。有一个电影表现了在高度机械化、自流化的流水线上，一个工人的全部动作都被扳螺丝钉的动作同化了，以至于他看到女人衣服上的纽扣也要当螺丝钉去扳一下，结果笑话百出。

这种因乖傻而产生的幽默故事在我国民间笑话中也有许多实例。

有一小伙子，平时总是说出一些不吉利的话语，令人生厌。这天，他姐姐生了一小孩，父亲同他前去祝贺，并特别叮嘱他，千万不要在席间说出不吉利的话，他高兴地答应了。席间，他一言不发，只管吃饭，姐问他为何不说话，他说："姐，我可是什么也没说，以后外甥抽风遭雷打，可不关我什么事啊！"

小伙子虽然席上什么也没说，可结尾处的假设还是没有顾及到"此时不该说的话"，叫人哭笑不成。

孩子们的思维一般简单、直线型，表现出一些惯性。也常常因此而闹出笑话来。

一次，老师发现同班的几位小朋友在作文中写的都是在王府井扶老奶奶过马路，故事雷同。于是问他们："你们三四个人怎么都是扶一个老奶奶过马路？""老师，您不知道老奶奶有多犟，她死活不肯过马路，我们费了牛劲，才硬把她架过去的。"

孩子们做事真是荒唐，对"学雷锋扶助老人"理解得如此机械。乖傻之态，令人喷饭。

## 以眼还眼，以牙还牙法

在特殊情况下，我们可能会碰到极其卑劣的人和事，对此我们不能表现得软弱，要以牙还牙，反戈一击，运用幽默力量捍卫人格，保护尊严。

德国诗人海涅是一个犹太人，常常遭到无礼的攻击。在一次晚会上，一个旅行家对他说："我发现一个岛屿，这个岛上居然没有犹太人和驴子。"

海涅白了他一眼，不动声色地说："看来，只有你和我一起去那个岛上，才会弥补这个缺陷。"

海涅巧引对方语言格式进行反击，表面平淡无奇。实则力敌万钧，骂得潇洒，骂得痛快淋漓。

太直的言语骂人往往使自己丢失理性，用幽默语言骂人。虽然含蓄，似乎不过瘾，但更能击中要害。

阿凡提患眼疾，看不清东西。国王取笑他："你总是把一件东西看成两件，是吗？你本来穷得只剩下一条毛驴，现在可阔了，有两条了。"

阿凡提说："真是这样，我现在看见你有四条腿了。"

这里，阿凡提巧妙地接过国王的话锋一转，回敬过去，击打得国王体无完肤。

这种方式用在生活中，有时是逗趣，有时是骂人：

有一先生与学童逗趣，先生口下一则：

"天上下雪不下雨，雪到地下变成雨，变成雨来多麻烦，不如当初就下雨。"

学童接口过来：

"先生吃饭不吃屎，饭到肚里变成屎，变成屎来多麻烦，不如当初就吃屎。"

## 言行表达矛盾法

自我否定已经令人好笑了，但远缺少更强烈的对比，为了使戏剧性更强，有一种办法，就是在矛盾对转以前把即将转化的矛盾加以强调，以耸对方的视听。效果更佳。

有一秀才平时说话，写信喜欢啰嗦，妻子每次跟他讲起，他都表示一定改掉这一习惯。这日，秀才南下赴京赶考，因离家匆忙，来不及详细交代妻子，他一到京城就给妻子写了一封信。信很长，仅摘部分如下：

……此次南来，归期未定。不在初一就在初二，不在初二就在初三，不在初三就在初四，……不在二十八就在二十九，为何不写三十，恐有月大与月小之分。

此次南来，忘却一事，床下有棉鞋一双，若遇天晴之日，拿出来晒晒，拍拍打打，打打拍拍，以备天寒之用。

此次南来，如若考中，我妻改为夫人，大小子改为大公子，二小子改为二公子，三小子改为三公子，依此类推。

此次南来，如若不中，我妻仍为我妻，大小子仍为大小子，二小子仍为二小子，三小子仍为三小子，余不赘言。

此次南来，有一事放心不下，二小妹容貌尚好，对面王二麻子有不良之意，要嘱咐二小妹少在门口张望，千千万万，万万千千。因时间关系来不及写草头的大写“万”字，就以“方”字去掉一点以代之，而“代”与“伐”不同，有有撇与无撇之分。

往日写信啰嗦，今日不用啰嗦，啰嗦者，啰里啰嗦，啰里巴嗦，实在可恶……

这位秀才，表面厌恶啰嗦，实则是极尽啰嗦之能事。于鸡毛蒜皮之小事，反反复复，啰里啰嗦，实际行为与口头宣言正相反对，令人大笑不止。

这样的自我否定已经令人好笑了，但远缺少更强烈的对比，为了使戏剧性更强，有一种办法，就是在矛盾对转以前把即将转化的矛盾加以强调，以耸对方的视听。效果更佳。

有一个酒鬼，整天沉溺于酒水之中，亲友劝他戒酒，他说：“我本来要戒，只因儿子出门办事未归，时时盼望，聊以借酒浇愁。只要儿子归回，我马上戒酒。”亲友说：“你赌个咒，我们才相信。”酒鬼答应：“儿子回来，我如果还不戒酒，就在大酒缸中闷死，用小酒杯把我噎死，跌进酒池里泡死。掉在酒海里淹死。罚我生做酒糟之民，死做酒糟之鬼。在酒泉之下，永世不得翻身。”

亲友问：“你儿子到哪儿去了？”

答曰：“杏花村外给我买酒去了。”

这个酒鬼，一再强调戒酒，并且赌咒，把话说绝。耸动对方视听，最后又一下被儿子去买酒之事全部推翻，欲擒故纵，欲抑先扬，语义跌宕，笑料顿出。

## 胡乱释义法

写文章，说话时，要求同一概念的前提要一致，原则犯了偷换概念的逻辑错误。而这点用到幽默当中，则是一种绝妙的技巧，且“偷”得越离谱，幽默味越浓。

生活中，一本正经地从事实出发，从常理出发，从科学出发，是找不到幽默感觉的。如果以一种轻松、调侃的态度，将毫不沾边的东西捏在一起，在这种因果关系的错误与情感和逻辑的矛盾中，才可产生幽默。在人际交往中，我们可以运用这种方法调节关系，制造气氛，采用超常思维来考虑问题，回答问题。

甲与乙打架，甲咬下了乙的鼻子。县官审案，甲说乙的鼻子不是他咬下来的，而是乙自己咬下来的。县官说：“鼻子比嘴巴高，怎么能够上去咬？”甲说：“他踩着凳子上去咬的。”

这则幽默的可笑之处在于：明明不是原因的原因，被一本正经地说成原因。

平时我们写文章，说话时，要求同一概念的前提要一致，原则犯了偷换概念的逻辑错误。而这点用到幽默当中，则是一种绝妙的技巧，且“偷”得越离谱，幽默味越浓。

我们看下例：

“先生，请问到公安局怎么走?”

“这很容易，你到对门商店拿五条烟，不付钱就走，不下十分钟，你就可到公安局。”

本来，人家问的是如何正常地走到公安局，可回答则扯到了偷东西被人扭送公安局，回答违背了问话的原义，令人发笑。

以上两例都是歪解法，即用似是而非的荒唐道理去解释某种现象的取乐方法。这种方法能产生奇巧怪谲的谐趣。

下面再看几个绝妙的歪解实例：

甲：盐鸭蛋为什么是咸的?

乙：盐鸭蛋是咸鸭子生的。

甲：鱼为什么生活在水里?

乙：因为地上有猫。

甲：你的狗生跳蚤吗?

乙：不，它只生小狗!

以上歪解而产生的幽默，要么得力于幽默者的“智昏”，要么得力于幽默者的“奇诡”，均令人哑然失笑，过耳不忘。

## 装糊涂法

假装糊涂很难在复杂的场合出奇制胜，这就要求在这些场合对自己的“糊涂”来一个聪明的注脚。

莎士比亚在其著作《第十二夜》中，让主人公薇奥拉说出了这样一句话：“因为他很聪明，才能装出糊涂人来。彻底成为糊涂人，要有足够的智慧。”

在一些意外场合，常常碰到一些意想不到的事情，处理不好着实使人尴尬。此时要化解尴尬，不妨假装糊涂。

一次，拍完电视剧，有人给女主角来紧急电话，导演慌忙去找。这时，女主角已去浴室洗澡。

导演跑去找她。A室、B室、C室外边都放着拖鞋。这三间浴室属于明星专用，一进门是更衣室，对面玻璃门内是浴室。

导演不知道女主角在哪个房间，一急没敲门就推开了A房间门，这也很难怪他。因为他只想女主角在浴室，哪知她已回到更衣室，蒙着头巾在擦头，胸部以下完全裸露。

女主角“啊”的一声，急忙转身隐蔽。同时，导演也叫了一声，赶紧把门关上。

“啊，对不起，大三郎先生。”

导演顿时喊出了男明星的名字！室内的女主角一定在惊恐之余长嘘了一口气。

这位导演故意以干脆疏忽到底的做法，不使女主角感到羞怯，而了结此事，真是高明。

平时我们缺少幽默感，就是因为太习惯于直截了当。以上两位如果直接道歉或反驳，充其量只是使自己难堪而已。

难得糊涂法的妙处在于真则假之，假则真之，正话反说，反话正说，先是迷惑对方，然后大家都能体面地从困窘中“拔”出来。

有时，假装糊涂很难在复杂的场合出奇制胜，这就要求在这些场合对自己的“糊涂”来一个聪明的注脚。

保罗在路上走着，忽然窜出一个强盗，用手枪对着他说：“要钱还是要命？”

“你最好还是要我的命吧！”保罗说道：“因为我比你更需要钱！”

这里，保罗的上半句回答显得糊涂，遇上歹徒，恐怕谁也会保命的。其实后一句才点出真义。

## 滑稽地模仿法

柏格森认为，模仿生命的机械动作，就是滑稽，他说：“有些姿势，我们并不想笑它，然而一经别人模仿，就变得可笑了。”因此，着意模仿别人的言语、动作、姿态等都可引起人们哄堂大笑。

在一次模仿演讲比赛上，众多选手各施绝招，一比高低。有人模仿林肯的演讲，有人模仿撒切尔夫人的说话，其中有一位模仿山东军阀韩复榘的演讲把气氛推向了高潮。原文是这样的：

诸位，各位，在座位：

今天是什么天气？今天是演讲的天气。来宾十分茂盛，鄙人也实在感冒。

今天来的人不少咧，看样子大抵有五分之八啦，来了的不说，没来的举手。

今天兄弟召集大家来训一训！兄弟有说得不对的，大家要互相谅解。你们是文化人，都是大学生、中学生和留洋生，你们这些乌合之众是科学科的，化学化的，都懂七八国的英文。兄弟我是大老粗，连中国的英文也不懂。你们大家都是从笔杆子里爬出来的，我是从那炮筒子里钻出来的。今天到这里讲话，真使我蓬荜生辉，感恩戴德。其实我没有资格给你们讲话，讲起来嘛就像对牛弹琴，也可以说是鹤立鸡群了。

今天我不准备多讲，先讲三个纲目。

蒋委员长的新生活运动，兄弟我双手赞成，就是有一条“行人靠右走”着实不妥，实在太糊涂了。大家想一想，行人都靠右走，那左边让给谁呢？还有件事，兄弟我也想不通。外国人在北京东交民巷都建了大使馆，就缺我们中国的了。我们中国人为什么不在那儿建个大使馆？说来说去，中国人真是太软弱了。

第三个纲目，学生篮球赛，肯定是总务长贪污了。那学校为什么这样穷酸？十来个人穿着裤衩抢一个球像什么样子？多不雅观？明天到我公馆领笔钱，买几个球，一人发一个，省得再你争我抢了。

出自韩复榘口中的这段话真是信口雌黄，粗俗不堪。模仿者在演讲中把肚子一挺，模仿韩复榘的腔调、姿态、表情进行表演，令听众捧腹大笑。

在生活中，有很多可笑的人和事，有许多可笑的言语和行动。有些人走路东摇西摆，有些人说话啰里啰嗦，有些人动作笨拙难堪，有些人言语木讷粗俗……这些都可以成为我们模仿的对象而产生幽默诙谐的情趣。当然表达时要特别注意场合与方法。

舞台上的相声、小品表演更是模仿的上乘之作。著名喜剧演员王景愚的表演风趣自然，诙谐滑稽，家喻户晓。他表演的哑剧《吃鸡》既幽默了自己，又讽刺了丑恶，同时教育了人民。

# 第四章 用幽默展示你的智慧

生活常给我们出些难题，既教会我们的智慧，又教会我们的人格。学会了幽默，可以巧妙地为自己和他人化解难堪，可以为生活增添更多的笑声，可以让人际交往其乐融融。

## 巧妙脱离窘境

在社交场合中，人人都难免遇到窘境，这时候，如果懂幽默，那么这窘境就可能轻松地化解了。

脱离窘境的幽默是要求大家借助片面的、偶然的因素，构成歪曲的推理，使之有一种既荒诞又无理的逻辑性，机智地将自己从窘境中解脱出来。

人处在窘境中，正如处在愤怒中，是很难幽默得起来的。窘境往往不是在个人独处时产生，而是在人际交往的特殊场合自尊心受到损伤时产生的。

尤其是在公共场所，一般人都追求自己形象的出众，然而窘境以自我形象的破坏为特点，窘境令人尴尬、难堪、神经紧张。在多数情况下，连正常的智慧都难以发挥，而在窘境中仍然不失去幽默感，那时就更加难能可贵。

客人拜会主人，谈到吃午饭的时候，主人到里面吃饭去，把客人一个人留在会客室里干坐。主人吃完饭出来，装成没吃过的样子有说有笑。客人抬头望着屋上的房梁说：

"哎呀，你家的屋梁被虫蛀得很厉害。"

主人问："我怎么一点也看不出来？"

客人说："它在里面吃的。"

要能化消极现实为积极情致的幽默，有两个关键：

第一，不为窘境所拘。人之所以为窘境所拘，无非一个原因，那就是面子上很难堪，自尊心受到挫伤。但是愈是感到挫伤就愈是消极，愈缺乏打破这种恶性循环的心理能量。其实，这时最聪明的办法是横下一条心，从另一角度去看待产生窘境的原因。

第二，对产生窘境的原因作想象的、玄妙甚至荒诞的解释，并让在座的人与你分享你的自我解释。

一个瞎子和一个眼睛好的人在一起吃烧饼。他们一人吃了一个以后，瞎子伸手要第二个，说：

"给我那个糊的吧！"

眼睛好的人很奇怪，问道："你为什么专要糊的呢？"

瞎子说："反正你准给我那个糊的，我这样说不是更有面子吗？"

有时候，越是一本正经地把道理讲得头头是道，也就越不幽默。但是幽默带有某些推理性，幽默也就让位于机智。

在通常情境下，人的自尊心不受到任何威胁，心理并未失衡，纯调笑性的幽默，往往比机智给人带来更大的精神享受。精神享受常常以在场人物的共享为特点。而在人的安全受到威胁或尊严遭受损害的严峻关头，纯调笑性的幽默就不能应付现实的危机了，切实可行的机智自然就更为迫切地需要了。

在阿拉伯民间传说中，有一个机智幽默的大师朱哈，他在极端的困境中常以机智取胜。朱哈想进一座锁了门的果园，他用梯子爬上果园的篱笆，又把梯子搬进园里，再沿着梯子下去，刚一下梯子，他就看见园丁在等着他。

园丁问："你是谁？到此有何贵干？"

朱哈说："我是卖梯子的。"

园丁说："怎么跑到这里来卖梯子？"

朱哈说："老天爷，难道你不知道梯子是到处都可以卖的呀！"

机智使朱哈摆脱了偷盗的嫌疑。他的妙处是非常接近现实。

如果说窘境中的幽默可以无理而妙的话，那么，窘境中的机智可非得有理而妙不可。

## 化解人生困境

生活常常给我们出难题，让我们陷入尴尬万分的境地，面对难堪有时真恨不得挖个地洞钻进去，但偏偏自己又不是《封神榜》里的土行孙，能钻地而行。

这时，有一种手段能帮你解除尴尬，那就是幽默。

张作霖虽出身草莽，却也十分机智，处理一些眼看就要糟糕透顶的事态，往往突出奇招，收到意想不到的效果。

有一次，张作霖出席名流雅宴。席间，有几个日本浪人突然声称，久闻张大帅文武双全，请即席赏幅字画。张作霖明知这是故意刁难，但在大庭广众之下，众目睽睽，确实“盛情”难却，他满口答应，吩咐笔墨侍候。只见他潇洒地踱到桌前，在铺好的宣纸上，大笔一挥写了个“虎”字。然后得意扬扬地落款：“张作霖手黑”。并盖上了朱印，踌躇满志地掷笔而起。那几个日本浪人，丈二和尚摸不着头脑，面面相觑。

机敏的秘书一眼发现了纰漏，“手墨”怎么成了“手黑”？他连忙贴近张作霖身边低语：“您的‘墨’字下边少了个‘土’字。”

张作霖一瞧，不由得一愣：怎么把“墨”写成“黑”了？如果当众更正，便会留下笑柄。他眉梢一动，计上心来。故意呵斥秘书道：“我还不知道这‘墨’字下面有个‘土’？因为这是日本人索要的东西，怎能让他们把土带走呢？这叫寸土不让！”

语音刚落，满堂喝彩。那几个日本浪人讨了个没趣，只好悻悻地退场了。

面对“黑”与“墨”的困境，草莽大帅张作霖妙借“土”字引申发挥，牵扯到爱国主义上，不仅保全了自己的面子，更赢得了满堂喝彩。由此，幽默的力量可见一斑。

我们再看发生在幽默大师黄永玉身上的一个小故事：

在“文化大革命”中，黄永玉到农场劳动三年后，可以画画了，但画老乡要在50米以外。

一天黄永玉被排长叫过去问话：“你昨天说了什么怪话？”

黄永玉知道自己有个“不严肃”的毛病，遇到有趣的事就要笑。被排长一问，就装着惊讶和受委屈的样子。“你说过‘毛主席教导我们要接近劳动人民，而连部却要我们和劳动人民距离50米’，你说过没有？”“这哪是我说的？前面的话是毛主席说的，后头的话是连领导说的，哪有是我说的呢？”

在这里，黄永玉运用幽默，巧妙地为自己进行了解脱。

幽默不仅能使自己绝处逢生，冲出苦海，还能使不利的对方摆脱困境。这也是一种崇高的心境。

综上所述，幽默是社交场上化解困境的有效妙招，应该为每个人的人生必修内容之一。

## 扭转尴尬的场面

如果出现了令人尴尬的时刻，就应该用幽默去化解尴尬。

有一位女孩，在她的订婚宴会上，希望给未婚夫的亲戚们留下好印象。她微笑着走进宴会厅，不料绊倒了落地灯，灯打翻了桌子，她也摔了个四脚朝天。她立刻站起来说："瞧！我也是杂耍演员呀！"

她这样做使尴尬的场面一下子扭转了，而且。也给人留下了聪明大方，对自己充满信心的好印象。仅这一件小事，人们就充分了解了她的能力。

这样的例子很多。几乎每一位杰出的外交家，他们的性格中都有一种不可缺少的东西，即幽默感。这一点使他们以最敏捷的方式进入了社交圈子，并一下子成为主要角色。他们谈笑风生，妙语连珠，在语言的海洋中如鱼得水。

人们在个人生活中，也总是不断地、交替地扮演着主人和客人的角色，因此，人们有可能要去应付不合理的要求、令人不快的行为，或者闹得不像话的场面。

如果可以不必因为金钱问题而忧虑的话，那这个世界上也就没有什么忧虑可言了。当我们因为金钱而忧虑时，可以让幽默力量来替你把金钱烦恼淡化，并且鼓励别人也这样做。

你可以这样说某人："老天，他的负担好重！他要为那么多的银行存折不知藏在哪里而大伤脑筋。"

或者达观一点："这年头也许唯一收支相抵的地方，是在足球场。"

如果你想为经济上的富足开个玩笑，可以这样说："金钱最美妙的地方，就是它可以跟你身上穿的戴的一块儿走。"

当你在等待的时候，也可以创造幽默与他人共享。当你在超级市场的结账出口或银行大排长龙的时候，是和其他人一样等得焦躁不安、暴跳如雷呢，还是拿出幽默的力量与别人分享呢？

"这是自然法则，我没去排的那一行总是动得快些。"

"速度快不一定是最好的，否则兔子早就来统治这世界了。"

"我买了一条比目鱼，但是排队排了这么久，现在我买的可是一条比目鱼干了。"

经过多次沉默后，用一两句画龙点睛的话去作总结，往往会一语惊人，产生难以抵抗的幽默效果。语言是交流的工具，它能表达人们的思想。我们有时在选择语言时喜欢用较长的句子，但有时候用较短的句子来表达我们的意思更加简短有力。

下面这个小幽默所用的方式就是一语惊人式的。

"能告诉我，你为什么要从手术室跑出来吗？"

医院负责人问一个十分紧张的病人。

"因为那位护士说：'勇敢点，阑尾炎手术其实很简单！'"

"难道这句话说得不对吗？她是在安慰你呀！"负责人笑着对病人说。

"不，这句话是对那个准备给我动手术的大夫说的"。

这里我们按日常经验感觉护士那句话是他们常常用来安慰病人的话，但是却不知道，在这里，这句话并没有按正常的理解去发展，而是出现了这种意料之外的结局。这种幽默通过病人一语惊人地说了出来。

在运用这种方法的时候，所引申出来的谬论要求越荒谬越好，越荒谬则幽默色彩越强烈。

面对柔情，你怎能拒绝呢？选择幽默的方式既能达到自己的目的，又不伤害别人。如果避开正面，而从侧面以幽默的方式回答他，就会处理得圆满无缺。

有一位女大学生偷偷地爱上了教逻辑学的男老师，她多次暗示并给老师递了一个纸条，上面写道："有人问我这样一道逻辑题。已知：我爱上了你，求证：你也会爱上我。这个题目我做不出来，所以想请您帮我解答一下。"

老师见到纸条，感到这是不可能的，但又不想直接去拒绝她。于是灵机一动，用幽默的方式给她写了一封回信：

"证明：能够爱别人的人应是好人。对于你来讲，我应是别人。你能够爱别人，说明你是好人。好人，人人都爱。既然你是好人，那么人人都爱你。这个人人当然包括我。所以，我也爱你。"

老师的答案机智而巧妙，在回答之中，他幽默地用逻辑方式把原来的意思作了微妙的转变。将学生字里行间暗示爱情的"爱"，偷偷地转换成了博爱的"爱"。这样便委婉而幽默地表达出了自己的真正意思，没有直接地拒绝别人，更没有引起对方的不安和尴尬。

有一位很有钱的太太牵着哈巴狗上街，见到衣衫破烂的汤姆，想拿他开心取乐，便对他说："你只要对我的狗喊一声'爸'，我就赏给你1美元。"

汤姆眼珠一转，笑着说道："喊一声给1美元，要是喊10声呢？"

"那当然给10美元了。"太太答道。

汤姆躬下身去，顺着狗毛轻轻抚摸，煞有介事地喊了声："爸！"

阔太太妖里妖气地笑了一阵，随手给了汤姆1美元。

汤姆连喊10声，阔太太很爽快地赏了汤姆10美元。

这时。周围挤满了看热闹的人。汤姆笑着向夫人点了点头，故意大声喊："谢谢你，妈！"

围观者开怀大笑，那有钱的太太面红耳赤，目瞪口呆，不知怎么回答。

## 拉近彼此间的距离

常言道："笑是两个人之间最短的距离。"而幽默可给人们带来欢笑，所以，幽默能拉近人际距离。

幽默是人们睿智的表现，它就像化学反应中的酸碱中和反应，可以使两种事物达到某种相对的平衡状态，所以幽默将人际交往时的冲突与尴尬化解开来，也给人们带来快乐。

一位曾在酒店工作过多年的先生讲过这样一个真实的故事：

一位华侨下榻国内某星级饭店，当他前往客房时，要经过酒店的大堂。大堂值班的实习生问候道："您好！"

过了一会儿，他出去办事，踏过大堂时，实习生再次问候道："您好！"等实习生看到客人回来，便第三次招呼道："您好！"

这位华侨向酒店投诉，抱怨这位实习生的态度不够真诚，自己已经三次经过大堂了，而服务人员却依然机械性地向他打招呼，并未找到酒店所承诺的宾至如归的感觉。

也许这位华侨的要求太苛刻了，但是从这件事我们可以反思，在人际关系的建立方面，外交官式的客套也许是最保险的，但绝不是最有效的手段。

在现今的社会中，人们被钢筋水泥的丛林围困，使我们之间的交流日益减少，人与人交往变得越来越难，但幽默却可以轻而易举地冲破这些阻隔。

10楼的李先生和9楼的张先生楼上楼下住。因为两对夫妻都是工薪族，平日上下班时间不一。偶尔搭电梯照面时仅是点个头，连交谈的机会都没有，只是心里知道有这么个邻居存在而已，并没有什么特别的交情。其实双方也都深知“远亲不如近邻”的道理，只是住在这里的邻居们大多冷漠惯了，也无可奈何。

但是自从某个机缘，让这对邻居“大笑出来”之后，情况完全改观。那阵子刚好发生垃圾处理问题，由于公共垃圾场的租约已到期，原业主因为私人原因坚持不肯续约，一时之间大小马路边垃圾堆积如山，臭气熏天。

这天刚好是假日，李先生和太太搭电梯正要下楼，恰巧碰到了张先生和太太也搭这班电梯，张先生勉强挤出一丝笑容以“垃圾严重”为题跟李先生稍稍寒暄一下，李先生也就趁机打开话匣子，他故作神秘地说：“我家从来没有垃圾的困扰！”张先生夫妇听了十分诧异，并且询问其原因。李先生回答说：“很简单啊！只要每天早上刻意地将垃圾包装得整整齐齐的放在大楼门口摩托车的后座上，过不了一会，那包垃圾自然就不见了。”张先生跟太太听了不禁大笑出来，“笑”让他们之间的距离拉近，从此以后两家人开始熟悉起来了。听说后来李先生的事业遭遇到一个大瓶颈，是靠张先生设法帮他渡过难关才得以东山再起现在李先生的事业飞黄腾达了，想不到“一笑”竟然能带来这么大的人生助力呢！

# 幽默会让你更受他人欢迎

幽默是人际交往中的吸铁石，可以将周围的人吸引到你身边来；也是转换器，可以将痛苦转化为欢乐，将烦闷转化为欢畅，每个人都喜欢与机智幽默的人做朋友，而不情愿与忧郁沉闷，呆板木讷的人交往。

荣耀全美国的十大销售高手之一的甘道夫博士曾说："销售是2%的产品知识和98%的了解人性。"美国《EQ》一书的作者高曼博士说："成功来自80%的情商和20%的智商。"可见，了解人性、善于沟通、幽默才是成功的关键所在。我们经常会诧异，为什么有人那么受人欢迎而有人却那么受人鄙弃？问题就出在"懂不懂得销售自己"了。

希望自己更受大家的欢迎。就要懂得适时的幽默一下，更要懂得将幽默摆在严肃的前面。

某大学植物系有一位植物学教授，开的课虽然是冷门课程，但只要是他的课，几乎堂堂爆满，甚至还有人宁愿站在走廊边旁听，原因并不是这位教授专业知识多超人，而是他的幽默风趣风靡了校园，使得学生们都喜欢上这位教授的课。

有一次，该教授带领一群学生深入山区做校外实习，沿途看到许多不知名的植物，学生好奇地一一发问，教授都详细地回答解说。一位女同学不禁停下了脚步，对着教授赞叹地说："老师，您的学问好渊博呀，什么植物都知道得那么清楚！"教授回头眨了眨眼，扮个鬼脸笑道："这就是我为什么故意走在你们前头的原因了，只要一看到不认识的植物，我就'先下脚为强'赶紧踩死它，以免露馅!”学生们听了个个笑得人仰马翻，可见，这次实习之旅是一趟充满了笑声的愉快之旅。

当然，教授只是开个玩笑，幽默一下而已，这就是他广受学生欢迎的原因。

在人际交往中，冷漠的脸孔总是让人敬而远之，而微笑热情的面容总会让人有亲近的愿望。总板着苦瓜脸的人是不会被人欣赏和欢迎的，而拥有充满笑容的阳光脸的人会使人感觉与他成为朋友是一件让人愉快的事。

日本的一位人际沟通高手福田建先生，曾提出一个生活实验报告：“笑容可以招来笑容。”意思是说，当我们以笑脸对着别人时，别人也会以笑容回报，所以有人认为：“笑是一种可爱的传染病，被它感染了不但浑身舒服，还快乐无比呢!”福田建还说：“‘笑脸迎人’不但是一剂人际关系的万能药，还是一剂最好的特效药。”我们不也常说“笑脸迎人，就是菩萨”吗？请记住常葆微笑、幽默对人，对人对己都是好处多多。

除了一张微笑的脸之外，受人欢迎还需要有一颗关心体贴别人的心。

曾经有一位病人牙疼去看牙医，牙医看了看后说：“这颗牙已经严重蛀坏了，无法做根治，需要整颗拔掉!”病人问：“请问拔一颗牙要多少钱?”牙医回答说：“600元。”病人一听大吃一惊地说：“什么？拔一颗牙只需短短几分钟就要收600元!”牙医笑道：“如果你要慢慢地拔也可以，我可以慢慢地帮你拔，拔到你满意为止。”

在适当的场合，幽默可以使你更容易让人亲近，上述牙医的幽默一方面消除了病人对昂贵药费的不满，另一方面放松了病人的紧张心态。幽默可以使紧张的心情松缓下来，从而使你更受别人的欢迎。

# 用幽默调节紧张的气氛

人都生活在社会之中，任何时候都面临着一个“交际”的课题，人是不能“离群索居”的。为了顺利进行交际，适当使用幽默就显得非常必要。

任何人的交际都不可能是一帆风顺的。遇到紧张的交际气氛时，就需要我们用幽默的力量去进行调节，使它变得轻松和谐。这时我们不仅要制造出笑声，更需要与别人一起笑，正确地对待别人的笑。我们若不能领略别人的幽默力量对我们的作用，也就不太可能以自己的幽默力量来激励别人。为了表示我们重视别人带来的好处，就要与人一起笑。

有个瞎子和众人坐在一起。众人看见了可笑的事，就一起大笑起来。那个瞎子也跟着大家一起笑。众人就奇怪地问他：“你看见了什么而发笑?”瞎子说：“你们所笑的，一定不会错。”

众人笑的一定不会错，所以不要吝惜你的笑声，跟着大家一起笑吧！在人际交往中，如果不能正确地对待别人的笑，就会给自己带来烦恼。正确的态度应该是当我们遇到别人发笑时，要像舞台上的小丑一样，对自己有充分的信心，不要怕别人嘲笑、讪笑、大笑……有了这种心境，才能保持内心的安定，避免不必要的烦恼。

在遇到交际气氛沉闷的时候，不妨来一段荒谬的故事。荒谬的故事也能因其趣味性而增进个人的幽默感，从而活跃交际的气氛。比如，你可以讲这样一个故事：

有一个瞎子，两只眼睛看不见东西，但能用鼻子闻出文章的气味。有个秀才听说了，就拿了一本《西厢记》让瞎子闻。瞎子说："这是《西厢记》。"秀才问："你是怎么知道的？"瞎子回答："我闻着有些脂粉气。"秀才又拿出一本《三国志》让瞎子闻，瞎子说："这是一本《三国志》。"秀才又问："你是怎么知道的？"瞎子回答："我闻着有些刀兵气。"秀才觉得很奇怪，就把自己的文章让瞎子闻，瞎子说："这是你自己的大作。"秀才佩服地说："你是怎么知道的？"瞎子说："我闻着有些臭气。"

在交际中，任何人都难于避免无意中犯下的错误，这就需要我们用幽默的态度去宽容别人。如在公共汽车上被人踩到脚是很常见的事情。如果你遇到这种情况时，"火冒三丈"就有可能爆发一场无休止的战争；但是如果你能幽默地说上一句："对不起，是我让你没能'脚踏实地'。"这样，对方就只有自我检讨的分了。而对于自己的偶犯错误也应该采取积极的态度。

要避免难堪局面的方法之一，就是在发表"高论"之前，先审视一下交际环境；因为这类错误大都是不看交际环境和沟通对象而造成的。

有一个无赖，经常三餐不继。一天他偶然路过一户人家，见人家正在办丧事，而门口有人在议论某老先生的为人长短。于是他走进门对着灵柩就放声大哭。大家都不认识他，他说："这位老人生前和我是莫逆，几个月不见，没想到竟有这么大的变化。刚才路过才知道，所以未来得及奉告安慰，先进来哭哭，以表达我的怀念之意啊！"这家人感激他的情意，就留他吃饭喝酒。在回家的路上，他遇见了一个穷人，就把自己混饭吃的经过告诉了对方。第二天，那个穷人也到一户丧家去大哭。人家问他是怎么回事，他回答说："这死去的人生前和我相好。"话刚说完，大家都往他脸上打。原来，这家死的人是位少妇。

同样是家里贫穷，不同的态度就可能带来不同的后果。

有个人到了深秋季节还穿着一件夹衣，有人就问他说："这个季节了，你怎么还穿夹衣？"他回答说："穿单衣更冷。"

他坦率地说出自己家里没有棉衣而只好穿夹衣，既是事实，又很幽默、达观。

一个穷亲戚到富亲戚家中赴筵席，已经是隆冬季节，他没有皮衣，只好穿着麻布做的衣服。他怕有人嘲笑他家贫，就故意拿一把扇子，对各位宾客说："我天生就怕热，虽然到了冬天，还要扇风取凉。"主人感觉到他的虚伪，就故意装出迎合他的意思，在酒席散后，晚上留他住宿时，给他准备了单被子、凉枕头。请他住在水池边的凉亭里。到了半夜时刻，气温下降，那个穷亲戚忍受不住寒冷，起床用单被子裹住身体来回跑动，一不小心掉到水池里。主人听见水声，急忙四处察看，发现穷亲戚掉进了水中，就惊慌地问他是怎么回事。穷亲戚却说："只因为生来怕热怕得厉害，虽然在冬天，又住在凉亭里，还是想洗洗冷水澡。"主人无语。

因此，在人际交往中，能够灵活机动，适时适地地运用幽默不仅能化解尴尬和紧张的气氛，还能为你赢得更加广泛的人脉。

## 用幽默的语气问候

寒暄是人们日常交流中的一个重要方面。因为经常见面的熟人，不可能总有很多话要谈，也没有多余的时间一见面就站在路边没完没了地聊；而一旦碰见了熟人，如果因为嫌麻烦而不打招呼也过于不近人情，更无法缓冲熟人相遇时所产生的下意识的紧张情绪。

但是过于一般的寒暄常常使人觉得生活乏味。为增添生活乐趣，维护良好的人际关系，可以在寒暄的时候打破常规，注入幽默元素。下面是一个典型的有关寒暄幽默的故事：

连续下了几天的大雨，某公司同事们见了面，一个人说："这天怎么老是下雨呀?"一位老实的同事按常规作答："是呀，已经6天了。"一位喜欢加班的同事说："嘿，龙王爷也想多捞点奖金，竟然连日加班。"另一位关注市政的同事说："房管所忘了修房，所以老是漏水。"还有一位喜爱文学的同事更加幽默："嘘！小声点，千万别打扰了玉皇大帝读长篇悲剧。"

很多有幽默感的老年人很喜欢晚辈和他们开一些善意的玩笑。所以，当你刚出门就遇见老年邻居时，你就可以幽默地和他们寒暄一番，这样很容易就能和他们搞好关系，一般情况下，他们还会逢人就夸你会说话。

一个大热天，小王赶早趁天气凉爽去公司上班。她刚出家门，就看见邻居刘大妈大清早就在树荫下练腰腿。她走过去神秘地对刘大妈说："大妈，这么早练功，不穿棉袄，小心着凉啊。"一下子逗得刘大妈哈哈大笑，笑着骂道："你这个鬼丫头！再不走你上班可要迟到了，现在都9点多了。"小王一听赶紧看看表，才8点半。看到刘大妈在那里得意地笑才知道自己上当了。以后，每逢刘大妈见到小王都非常主动和小王打招呼，逢人就夸小王聪明伶俐，还张罗着给她介绍对象呢。

很多时候，新近发生的大事件会成为人们寒暄中的话题。因为，大事件是大家都关注的，人们可以从中找到共同的语言，可以避免在寒暄中话不投机而导致尴尬。下面就是一个利用大事件在寒暄中制造幽默的例子。

前些年因为厄尔尼诺现象的影响，气候反常，快到夏天的时候人们还穿着毛衣。很多熟人见面后的第一句话就是："气候太反常了，都过了农历四月了，天还这么冷。"可是，有一个幽默的汽车司机就不那么说，他见到同事李师傅的时候说："李师傅，这不又快立秋了，毛衣又穿上了。”他见到邻居张大爷的时候也会故意幽默地问：“张大爷，您老也没有经历过这么长的冬天吧，到这时候了还这么冷？”恰好张大爷也是一个幽默人，他笑着答道：“是啊，大概老天爷最近心情不太好，老是板着一副冷面孔。”

现在人们的生活水平提高了，人们都喜欢以“夸别人富有”作为寒暄中的话题。尤其在农村，这种看似俗气的寒暄更是常常会发生。其实，在寒暄中逗乐似的夸别人富有，也会收到很好的幽默效果。

李大娘午饭后恰好遇到大刚，大刚常规地寒暄道：“大娘，您吃过午饭了吧？”李大娘既然被称为大娘，自然年纪不小了，可是她整天乐呵呵的，好像比大刚还活气，她回答说：“嗬，还没吃呢。你中午吃什么好东西，也不请大娘我去吃。瞧，现在还满嘴都是油呢！”

李大娘幽默地夸赞大刚的生活过得好，她对大刚显得亲热、愉快，很自然地就拉近了与大刚的关系，也成功塑造了自己平易近人、和蔼可亲的长辈形象。

可见，不要小看寒暄中的幽默，它能够使你在不知不觉中将欢笑带给别人，拉近自己与他人的心理距离，有时比以握手这种方式来表示对对方的友好和尊重还有效。

## 用幽默提升个人的魅力

具有怎样特征的人才更吸引他人呢？一般人会说出友善、热情、开朗、宽容、富有、乐于助人、幽默、有责任感、工作能力强等等许多的特征，但相关专家提出：在这所有特征中间最重要的莫过于幽默了。这并不是说其他的特征不可贵，因为在人与人的交往过程中没有太多的机会展示那些特质。

假若把各种优良特质比做钻石的各个侧面，幽默感则是钻石直接面向我们的那一面，可以直接折射出智慧的光辉。

在古代，“桃李不言，下自成蹊”是为人所称道的交往观念，意思是说：桃树、李树虽不说话，却因为它们的鲜花和果实而把人们都吸引过来，以至于树下都被踩出了小道。

在现今社会中，人与人的交往强调以吸引力为基础，即使你再优秀再能干，如果你不会“自我展示”也不太容易引起他人的注意。

在有限的时间和空间之内，哪怕是初次见面和一次晚餐上，幽默都能让你一展才华，从而给人留下深刻印象。

幽默能带给你意想不到的吸引力。你总是可以在幽默中发现睿智的光芒。思路清晰、反应敏捷、妙语惊人是具有幽默感的人的共同特征，他们总是可以从容地面对各种纷繁的场合，下面就以几个竞选的故事，来展现一下具有幽默感的人是怎样用其独特的魅力来保护自己，赢得胜利的。

造谣中伤在美国总统的竞选中是常有的事。约翰·亚当斯参加美国总统竞选时，共和党人指控亚当斯曾派竞选伙伴平克尼将军到英国去挑选四个美女做情妇。其中两个给平克尼，两个留给他自己。约翰·亚当斯听了哈哈大笑，说道：“假如这是真的，那平克尼将军肯定是瞒过了我，全部独吞了！”

如果当时亚当斯怒不可遏指责对方的不义，不但不能解释清楚，反而会“越描越黑”。以幽默的语言作答，这种反击不是更加有效吗？最终亚当斯凭借着他的机智、才干和令人羡慕的幽默感当选了。并且成为美国历史上著名的总统。

加拿大的一位外交官斯却特·朗宁，生于中国湖北的襄樊，是喝中国奶妈的乳汁长大的。他回国后，在30岁时竞选省议员，当时反对派多次诽谤、诋毁他说："你是喝中国人的奶长大的，你身上一定有中国人血统。"朗宁沉着地回击道："据权威人士透露，你们是喝牛奶长大的，你们身上一定有奶牛的血统。"

这真是绝妙的反击，同时又展示了自己的机智，朗宁最终赢得了竞选。

## 用幽默展现品位和风度

幽默的特征之一是温和亲切，富有平等意识和人情味。

学会运用这种幽默方式，能够提升你的个人品位和绅士风度。

巴顿将军由于职业和性格的关系，他对自己家庭的内部机制运作，也采取了准军事的模式，突现巴顿的风格。

儿子的卧室——写的是"男兵宿舍"

女儿的卧室——写的是"女兵宿舍"

厨房——写着"食堂"

客厅——写着"会议室"

那么，他们夫妻的卧室应该挂上一块"司令部"的牌子吧！

可是没有。那上面写的是——"新兵培训中心"

能够在施展幽默时，保持平稳，有绅士风度，能够控制好各种情绪波动，将幽默的语言平淡地说出来，这是高手。因为越是这样越能和一般的幽默所产生的效果形成强烈反差。因此温和亲切，不仅能提升自己的品位风度，更能增强你的语言幽默效果。

幽默的特殊表现力能帮助人们应付多种局面，尤其是能使人聪明机敏地应付某种困境与难堪。因此，幽默有其独特的功效，如由张而弛，缓解矛盾摆脱困境，转危为安；以苦为乐，笑对人生；化丑为美，洒脱自如，等等。

人们都知道，美国第16届总统林肯的长相使人无法恭维，他自己也不避讳这一点。

一次，道格拉斯与他辩论，指责他是两面派。林肯平静答道："有人指责我是'两面派'，现在，请大家来仔细看着我的脸，我如果还有另一张面孔的话，我会戴着现在的这副面孔吗？"

结果，林肯的话引起听众大笑，而在笑声中显出道格拉斯的指责是荒谬的。

"有理不在声高"这是中国传统中的经典语言。幽默也有这样的特点，以理服人，以柔克刚，以静制动，温和亲切，物我两忘，充分展现你的幽默才能和处事不惊的风度，会使你左右逢源、快乐一生。

## 用幽默展现自我

我们每个人都具有与生俱来的表现欲。在人际交往中，我们总希望自己能够如鱼得水，游刃有余，成为大家瞩目的焦点，受到许多人的欢迎。因此，我们总是努力想使自己表现出最好的形象。其实要有效地表现自我，有一条捷径，那就是幽默。

运用幽默，可以让你口比莲花，舌绽春蕾。

几个朋友交谈，急性子的甲总是打断乙的话，使乙无法完整地表达出意思，这时乙站出来说：

“对不起，说话要排队，请不要中间插队好吗?”

这句话把大家的注意力都吸引到乙身上来了，甲发现乙抢了他的风头急中生智，也来了一句：

“请不要扳道岔！我现在重播一遍自己的观点。”

这时甲便也运用幽默的力量表现了自己，扳回了一局。

可是乙又接着说：“那好，我也把自己加了着重号的意见再说一下。”

在这样的层层幽默的推进下，不仅在场的每一个人都受到了感染，甲乙二人也在互动的幽默中展现了自我的非凡魅力。

要想运用幽默手段表现自我，重要的是要懂得临场发挥，抓住每一个机会为自己所用，像上面的例子就是如此，只要你有足够的机智和智慧，懂得如何随着情境的变化而进行幽默，那么，生活中的每一个瞬间都是你表现自我的舞台。

在美国一个大饭店里，侍女在为一位顾客端上来一份芥末土豆糊时，顺便问道：

“您是干什么的?”

“我是葡萄牙国王。”

“噢，这个工作倒不错!”

这位侍女的幽默，将当国王看作是一项工作，把自己上升到了和国王平起平坐的地位，很好地表现了自己。

在当代家庭中，丈夫的事业，常需要妻子出面帮衬，以求事半功倍之效。

有一位丈夫，常在晚上把客商带到家里来，让妻子准备饭菜，边吃边谈生意，不到夜深人静不收场。这样时间一久，妻子吃不消了。尤其有了小孩之后，又操持家务又带孩子，女主人被疲劳压得透不过气来。

后来，她想出了一个好办法，就近找了家小饭馆，丈夫把客人带来时，妻子也出面接待，入席坐定后，她还为每个客人夹菜，一边笑着说：

“希望筷子的双轨，能给各位铺出一条财路！”

然后说明自己要回家照顾孩子，转身告退。

这位贤内助美好得体的举止，赢得了客人的欢迎，也博得了丈夫的满意，因为她很好地表现了自己。

## 如何培养幽默感

幽默感作为一种能力，一种展现个人魅力的手段，像其他技巧一样，是能够通过后天的努力而获得。它是随着人们阅历和知识的不断丰富以及对生活的不断认识而逐渐形成的。

自信、宽容、豁达、乐观的心理素质，是成为一个具有幽默感的人的必备素质。因为，只有这样的人才能正视现实，笑对人生，勇于战胜困难，从而取得胜利。幽默永远属于乐天派，属于生活的强者。

有人曾问萧伯纳，如何区分乐观主义者和悲观主义者。萧伯纳说：“看到玫瑰，乐观者说‘刺里有花’，悲观者说‘花里有刺’。”

萧伯纳的卓见对我们认识幽默是很有启示的。生活中只有乐观主义者才会有幽默感。

美国哲学家乔治·桑塔亚那选定4月的某天结束他在哈佛大学的教学生涯。那一天，乔治在礼堂讲最后一课的时候，一只美丽的知更鸟停在窗台上，不停地欢叫着。许久，他转向听众，轻轻地说："对不起，诸位，失陪了，我与春天有个约会。"讲完便急步走了。

这句美好的结束语，具有相当的幽默感，充满了诗意。不热爱生活的人，是无论如何也说不出这种富有哲理的幽默言语的。

丰富的知识、广博的见闻是培养幽默感的又一个条件，它能使得幽默得心应手。左右逢源。

苏联诗人马雅可夫斯基演讲完毕后，一位不怀好意的人对他进行诘难："马雅可夫斯基，你的诗不能使人沸腾，不能使人燃烧，不能感染人。"诗人回敬道："我的诗不是大海，不是火炉，不是鼠疫。"众人听罢掌声如雷，而诘难者瞠目结舌。

这里，诗人面对诘难信手拈来，答得巧妙，既回答了诘难者的提问，又使对方始料不及而陷入难堪，我们不得不叹服一代诗人丰富的知识底蕴。

另外，敏锐的观察力和丰富的想象力也是形成幽默感的重要因素。只有具备敏锐的观察力，才能明察秋毫，捕捉住生活中稍纵即逝的幽默素材；只有具备丰富的想象力，才能从平凡的生活素材中，找到别出心裁的幽默构思。观察力和想象力的综合运用，是一种创造力的展现。下面我们看两则实例，先看观察的例子：

课间，学生问老师："'炒股票'该如何讲？"老师答："这里的'炒'是指形成了热，一炒就热嘛。现在的趋势变成什么东西形成热潮，就叫'炒××'。比如'炒房地产''炒飞机票''炒巴儿狗'……"学生就问："数理化老师一个劲儿地布置作业，能不能叫作'炒作业'？"

这位学生天真的类比，得力于他及时的捕捉、敏锐地发现，虽然他的表达带有幼稚的童趣，但也不失幽默。

具有想象力的幽默例子也是很多的：

主人请客人在家里吃饭，客人酒足饭饱后仍不想告辞。主人终于忍不住了，指着窗外树上的那只鸟对客人说："最后一道菜这样安排：砍倒这棵树，抓住这只鸟，再添点酒，现烧现吃，你看怎么样？"

客人答道："只恐怕没砍倒这棵树，鸟早就飞了。"

"不，不！"主人说："那是只笨鸟，不知道什么时候该离开。"

这位主人的确具有丰富的想象力，因此幽默的语言脱口而出。

我们要想以乐观的心态面对社会，除了拥有渊博的知识、综合能力，还要在平时多向别人学习。在与各种各样的人的接触中，你会增加自己语言的库存和表达的才能。

幽默，是一种酵母，跟幽默的人在一起待长了，自己也会受到"传染"，我们要有意识地多向有幽默感的人学习，多接近他们。

最后要做的是，切实训练，多行实践，在实践中运用，在运用中提高，你也能成为一个魅力非凡的幽默大师。

# 第五章　幽默的实战技巧与运用

幽默，绝不简单的等同于开个玩笑，讲个笑话。若缺乏风度和教养，玩笑会无礼无趣，笑话会粗俗不堪，这是对幽默的歪曲和谋杀。幽默的魅力来自个人的修养内涵。一个有品性、有教养、有风度的人，才能完美的诠释幽默的全部妙趣。

## 幽默要做好铺垫

写文章是很讲究铺垫的，在重要人物出场之前，要一步步地进行渲染、烘托，等到人物登台亮相的时候，就是水到渠成的事了。

我们平时讲话也是如此。为使别人更快地接受自己的观点，就要事先向对方“吹吹风”，先灌输某一局部观点，等到对方已经完全承认了、接受了，再进一步讲述更全面的观点，直到最后“图穷匕首见”，而这时对方已经接受了潜移默化的影响，再也不会表示反对了。

幽默者也常常使用这种方法，在刚开始的时候先不动声色地讲述某些事情和观点，给大家造成一种心理预期，最后再突然揭示出一个出人意料的谜底，使人恍然大悟。

与我们平时的谈话、写文章所不同的是，幽默的铺垫往往和结局之间有较大的反差，能给人出其不意、出奇制胜的效果，使人充分感受到幽默的魅力。

## 铺垫要平稳，要不动声色

幽默者都是很机智的，在幽默的开始阶段，常常会给别人一种错误的诱导，声东击西，欲擒故纵，先以相反的面目出现，以便与后面所揭示的谜底形成反差。

事先所做的铺垫正是为了达到这个目的的，本来是为了给大家带来出其不意的笑声，却偏偏要装得一本正经，用平稳的语气，不动声色地讲出来。

听众们丝毫不会料到随后将有一场捧腹的大笑等着他们，幽默者只是像闲聊、拉家常一样说着身边的一些琐事，等到最终结局揭晓的时候，大家才会醒悟过来，原来一切都是幽默者在暗中操纵、有意诱导。

在幽默的开始阶段，故意制造平淡的效果，越是接近常理，越是不被人察觉，就越能达到平稳铺垫的目的，为后面的精华部分打下更扎实的基础。

小乔去看电影，正遇见了老汪。小乔问："你怎么一个人来？没与太太一起来呢？"

老汪说："唉，别提了，她已经过世了。"

小乔很是吃惊，没想到老汪在这种情况下居然还有兴致来看电影，就同情地说："真是太不幸了，我还不知道。你应该与朋友们一起来呀，一个人闷在心里，是会很难受的。"

老汪说："朋友们都去参加我太太的葬礼去了，我只好一个人来了。”

老汪所揭示的谜底与开始的铺垫恰成强烈的对比，给人留下格格不入的深刻印象，幽默感特别强。

在进行铺垫的时候，一定要做到不动声色，铺平垫稳。老汪刚开始的表现给大家的印象就是不动声色，使大家料不到他竟藏着天大的哀痛。这种外在表现的平稳，恰恰与最终所揭示的谜底极不谐调，才使我们产生了幽默的感受。

清末，有个贪色的县官，一心想讨个称心如意的老婆。有个媒人上门问他要娶什么样的，他说：“我要的是：樱桃小口杏核眼，月牙眉毛天仙脸，不讲吃喝不讲穿，四门不出少闲言。”

媒人笑道：“巧啦，俺村上就有这么一个女子。”当下商订了娶亲的日子。

迎亲那天，花轿一到，县官急不可待地上前一把揭开新娘的花盖头，一看傻了眼，原来是一墩穿着花衣裳的泥胎女菩萨。他不禁大怒：“媒人，你为何作弄本官?”

媒人笑道：“请看，她不是‘樱桃小口杏核眼，月牙眉毛天仙脸，不讲吃喝不讲穿，四门不出少闲言’吗?”

这个幽默故事的开始部分是很平淡的，是生活中常见的一个说媒事件，如果不看到结局，我们是绝不会发出幽默的大笑的。但千万不要忽视这样的开头，要知道，如果缺乏了这样的铺垫，结局的高潮就不会让我们体验得这么深刻，幽默的感受也不会这么强烈。

在铺垫的过程中，要做到有根有据，无可争议，令人信服。如果听众对某处有了怀疑，就会使结局的高潮大打折扣，因此一定要把其中的漏洞完全弥补，把听众的疑问完全打消，不露出一丁点儿马脚，才是铺垫的上乘功夫。

有个顾客正在饭店里熟睡，却被店主叫醒了，顾客很生气，因为现在时间还早，他是特意要求店主在七点半钟叫醒他的。

店主和颜悦色地对他说："不好意思，旅客们都要吃早点了。"

顾客嚷道："可我不想吃，难道我不能再睡一会儿吗?"

店主说："不能，因为你正睡在我店唯一的一张桌布上。"

这个幽默的开始部分仍旧是十分平淡的，是在旅馆里经常会遇到的一件小事，但等店主道明原委后，我们才恍然大悟，幽默感就突兀而起了。

做好铺垫是幽默成功的基础，如果缺少了这些不动声色的铺垫，后面再精彩的妙语也都成了无源之水。

## 结局要出奇制胜，成为幽默的高潮

如果仅仅只是平淡的铺垫，那么这些语言就会显得非常普通，不具有反差与错位，难以给我们带来幽默感受。

幽默的结局必然是异峰突起，出奇制胜，与开始的平淡形成强烈的对比，成为幽默的高潮部分，给人留下极其深刻的印象。

欧·亨利的小说就常常采取这种方法，比如在《警察与赞美诗》一文中，那个流浪汉为了过冬，想方设法地想犯罪，以便被投入监狱，但却无法如愿，谁料就在他决心悔改的关头，他却出人意料地被警察抓获，送入了监狱。

这样的结局与开始的铺垫形成了很强的对比，成为整个故事的高潮，具有极强的讽刺意味，使人久久难忘。

舞会上，迈克没有舞伴，独自呆坐着，这时一个漂亮的姑娘向他走来，他的心怦怦狂跳起来。

"你要跳舞吗?"姑娘很有礼貌地问道。

"是的。"迈克激动得站了起来。

"好极了，"姑娘说，"我终于可以有椅子坐了!"

姑娘的问话是铺垫，使我们误以为她将邀请迈克跳舞，但结局却出人意料，与开始的铺垫形成了强烈的反差，达到了出奇制胜的幽默效果。

有一次，一个三流的歌唱家到一个城市去参加演唱会，他高歌一曲后，台下掌声雷动，齐声高呼“再来一遍”。

歌唱家非常激动，认为自己的表演非常成功，于是又唱了一遍。谁知台下又是掌声雷动，齐声高呼“再来一遍”。接着他又唱了第三遍、第四遍……

台下照样掌声雷动，齐声高呼“再来一遍”，他已经累得筋疲力尽了，不得不问道：“你们到底让我唱几遍才满意？”

“到唱准为止。”台下的观众齐声喊道。

开始的铺垫给我们一个错觉，认为观众是在欣赏这位歌唱家的表演，谁知结局却异峰突起，揭示了完全相反的事实，幽默的感受就会强烈地出现了。

幽默的高潮部分越出奇、越超出常理、与开始部分的铺垫反差越大，所造成的幽默效果就越强烈。

有一家大公司非常看重职员的仪表，他们要求所有男职员一律不得留长头发，否则就不予留用。

这天，公司招聘了一批富有才干的大学毕业生，人事部主任与经理一起去给新职员们讲公司的章程。

由于新职员们大都留着长发，人事部主任觉得很不好开口，他思索了好一会儿，终于想出了一个办法。于是他对新职员们说：“我们公司对头发的长短一向是持豁达态度的，大家尽可放心。”

听了此话，那些原先对此颇有抵触情绪的新职员们都露出了欣慰的笑容。

人事部主任接着说：“我们的要求是，头发的长短应该保持在我与经理之间。”

人事部主任留着很短的寸头，于是大家都把目光投向了经理头上。只见经理把头上的帽子摘了下来，露出了一个光芒四射的光头。

结局的高潮是幽默的精华部分，只有出奇制胜，才能打破开始部分给大家造成的平淡印象，给大家一个突如其来的幽默冲击，让笑声骤然爆发。

## 铺垫的平稳表现在一两个方面即可

铺垫做得好，就能收到欲擒故纵的幽默之功，使听众在一方面的期望落空的同时，出人意料地在另一方面得以落实。

幽默的铺垫与科学的推理是完全相反的，科学推理要求从顽强的事实出发，推导出具有真理性的结论。而幽默却是为了制造反差，故意诱导心理的预期。

幽默的铺垫也是要有事实根据的，要想使别人完全信服，就必须尽可能地接近常理，做到尽可能的平稳，但这种平稳又是不完善的，它并不要求在事物的所有方面都无懈可击，而只要做到在一两个方面合乎事实就行。

也就是说，幽默铺垫的平稳是片面的，只要在某些方面站得住脚，能使听众不产生疑问就可以了。

我们常说："歪理十八条，而真理只有一条。"幽默所表达的是歪理，因此它会有多种多样的说法，只要在个别地方能讲通，就足以让我们把幽默进行到底了。

> 有一个县官带了一群随从，到一户农民家里去，这个农民不得不杀三只羊来招待他们。
>
> 吃完饭，县官问农民："你家是靠什么来生活的？"
>
> "回大人，我家世代放羊为生。"农民回答道。
>
> "放羊时，如果一只狼来了，你们怎么办呢？"县官又问。
>
> "我们欢迎它，大人。"农民说道。
>
> "欢迎它？"县官十分奇怪。
>
> "是的，大人，"农民说，"因为一只狼来了，只要一只小羊羔就可以了，而你来了却要用我的三只肥羊。"

这则幽默故事的铺垫是很讲究的，开始部分是一个常见的生活场面，但却为结局的高潮打下了很好的基础，有力地讽刺了比狼还残酷的贪官。

论证贪官给百姓所造成的恶果也许需要数十条理由，但在幽默里仅仅一条就够了。狼只吃一只羊，而县官却吃三只，仅此一点，就实现了铺垫的平稳，达到了幽默的效果。

有一个诗人，拿了一首诗请一个著名评论家来欣赏。

“你看，我的诗可以得几分?”诗人问道。

“十分。”评论家说。

“十分?”诗人惊喜万分。

“是的，字九分，诗一分。”评论家说。

这个铺垫也是很精彩的，似乎评论家很欣赏这首诗，等到结局出来，我们才知道恰恰相反，幽默的效果就很强烈地呈现出来了。这里铺垫的平稳同样是片面的，仅在一点上相通，即“字九分，诗一分”，加起来是“十分”。

一个老兵把一个新人伍的小伙子接进军营，说：“欢迎你，孩子，现在，你就到家了。”

话刚说完，那个小伙子就坐在地上抽起烟来。

老兵问：“孩子，你怎能这样做呢?”

小伙子说：“你刚才不是说，我已经到家了吗?”

老兵说：“是啊，现在你去伙房，帮助你母亲洗碗去吧!”

自在地抽烟，到伙房洗碗，都是建立在“到家”这个前提下的。在这一点有了相通之处，这个幽默就做好了铺垫。

不求绝对的平稳，不求在任何方面都无懈可击，只要在一两个方面达到令人信服的程度，取得片面平稳的效果，就足以创造出令人捧腹的幽默了。

有了开始的平淡，再有了结局的突兀，幽默的效果才能触目惊心，使大家在巨大的反差与错位面前，深深叹服幽默者的机智。

## 学会设置悬念

设置悬念，是侦探小说常用的手法之一。正因为有了悬念，才使故事情节环环相扣，引起读者的极大兴趣，使我们越读越爱读。

如果我们在平时说话中也适当地运用一些悬念，不但能引起听众的极大兴趣，而且还会产生意想不到的幽默效果。

所谓设置悬念，是指幽默者在说话的过程中，故意设置一些疑问，以引起听众的好奇心。听众的心理一旦被幽默者设置的悬念调动起来，就会一致地向着某个特定的方向去考虑，以为会出现一种自己猜想出来的结果，而幽默者最后所说出的结果，往往与听众的心理期望相去甚远，极大的反差，便产生了强烈的幽默效果，让听众在恍然大悟中，感慨幽默者设置悬念的高明。

有一个手风琴手对他的朋友说："手风琴曾经救过我的命。"

"怎么回事？"朋友十分不解。

"有一天，我在阳台上拉手风琴，我的邻居对我喊道：'如果你再拉那个破琴，我就砍断你的脖子！"'

"后来呢？"朋友又问。

"后来我就不拉了。"

手风琴手对他的朋友说："我的手风琴曾经救过我的命。"朋友听了一定非常奇怪，以为会是一个惊心动魄的故事，所以迫不及待地询问结果，而手风琴手所说出的结果，却大大出乎朋友的意料。

听了这样的答案，朋友可能一时还无法理解，放弃了拉琴，怎么会是手风琴救了他的命呢？但细细想来，却一切都在情理之中，让人听了不禁哑然失笑，被他的幽默感深深折服。

从这个例子可以看出，在我们平时的谈话中，只要悬念设置得巧妙，就能造成很强烈的幽默效果，让听众捧腹大笑，感叹讲话者的说话技巧。

## 设置悬念，关键在一个“巧”字

幽默者要能利用语言技巧，恰到好处地、巧妙地设置悬念，这是需要幽默者细心琢磨和推敲的。只有悬念设置得越巧妙，才能最大限度地吸引听众，让听众对这种悬念产生兴趣，迫不及待地想听幽默者讲下去。

举个例子来说，一个人买到一幅漂亮的画并不难，难的是如何让这幅画最大限度地发挥它的审美效果，放在客厅好呢，还是放在卧室好？放在客厅，又放在客厅的什么位置好呢？运用到幽默当中，这就要求幽默者具体问题具体对待，根据实际情况和特定的听众，巧妙地设置好有针对性的悬念。

在一场战斗中，一个军官看见一个士兵因害怕向后跑去，军官便拦住这个士兵责问道：“看见敌人过来，你怎么往后跑呢？”

这个士兵如果如实回答，定会遭到严厉的军法处置，但这个士兵是一个机智灵敏、言辞幽默的人，他便巧妙地接上长官的问话，恰如其分地设置了一个悬念。

军官不是说他逃跑吗？他便巧妙地抓住了“跑”字，随机应变地回答道：“报告长官，我是在追击敌人。”

军官一听，心里便产生了极大的疑问，明摆着是向后逃跑，怎么会是追击敌人呢？军官叫道：“你就是这样追击敌人的？”

士兵的回答更是让军官感到意外：“是的，长官，要知道地球是圆的，我打算兜到敌人背后去打击他们。”

听了士兵的回答，军官便捧腹大笑，不得不为士兵的幽默感所折服，试想一下，这时军官还会处罚这个虽胆小但却机智幽默的士兵吗？悬念设置的巧妙，产生了令人意想不到的幽默效果，有效地改变了士兵的险恶处境。

有一天，一个著名的音乐家在大街上散步，不料却被一个骑自行车的冒失鬼撞倒在地，骑车人十分害怕，连连道歉。音乐家站起来，拍了拍身上的尘土，然后对骑车人说："哎呀，你今天的运气真是不好。"

"运气不好？"骑车人十分疑惑地问。

"是的，"音乐家说，"如果你今天把我撞死了，明天你就可以名扬四海了。"

这个幽默故事的巧妙，主要是悬念设置造成的。音乐家根据当时的具体情况，用一句"你今天运气不好"做悬念，使骑车人产生了探寻究竟的好奇心：明明是我撞了你，是你运气不好，怎么现在反倒成了我运气不好了呢？

音乐家的回答更是出人意料，令撞人者捧腹大笑，在撞人者和我们笑完之后，不得不为这位音乐家苦中取乐的精神所感动。

我们在办事说话时，只有预先设置一个巧妙的悬念，才能最大限度地引起听众的兴趣。如果悬念与当前的事实出入很大，显得很是奇特，就会给听众极强的心理诱惑。当听众急切地得到结果，发现悬念和结果的对照落差很大，就好像从平地突然落到深山沟一样，便会造成一种出人意料的效果，碰撞出极强烈的幽默火花。

## 有意故弄玄虚，令人惊叹不已

幽默有一个规律，它总是让你领悟到与自己原来心理期待不同的东西，笑声总是在心理期待结果和实际谜底的极大落差中产生的，设置悬念，恰恰能做到这一点。

请看这样一个故事：

迈克买了一条鱼，放在厨房里，他家的佣人趁迈克不在家，就偷偷地做着吃了。迈克回来，发现鱼不见了，就问佣人："你看见我买的那条鱼了吗？"

"没有，"佣人说，"也许让猫偷吃了吧。"

迈克庆幸地说："幸亏不是被人吃了，太好了。"

"先生，为什么这样说？"佣人奇怪地问道。

"因为，那是一条有毒的鱼呀！"迈克故作轻松地说。

佣人顿时大吃一惊："迈克先生，你赶快送我去医院吧！"

"为什么呢？"

"先生，对不起，我刚才是骗你的，其实是我偷偷做着吃了。"佣人说。

"不要紧，我刚才也是骗你的，其实那条鱼没有毒。我只不过想听你讲实话而已。"迈克说道。

在这里，迈克正是利用故弄玄虚、巧设悬念的方法，让佣人说出了自己偷吃鱼的实话，给人一种强烈的幽默感。在我们佩服迈克的聪明才智的同时，也为迈克的幽默感所折服。

故弄玄虚的奥妙，完全在于抓住对方的心理，故意设置一个突然转化的结果，在对方完全达到这个心理预期后，又突然一转，肯定地给他一个没有转化的谜底，让对方的心理预期彻底落空。极大的心理落差，便造成了十分强烈的幽默感。

## 设置悬念，不要急于求成

在设置悬念时一定要注意，千万不要急于求成，迫不及待地把妙语趣事说出来。太早地泄露天机，也就泄露了幽默的惊人之处，往往不会引起预料中的效果。

小张到一个饭馆去吃饭，要了一碗面，感觉非常难吃，十分生气。他交完钱后，对伙计说："请把你们的经理叫来。"

“什么事?”经理走过来问。

“你们的饭太难吃了，我再也不来了。”小张说道。

听了这个故事，我们不会有丝毫的幽默享受，为什么呢?是因为小张迫不及待地把谜底告诉了经理。悬念设置不够，火候不成熟，就说出了结果，同时也就失去了幽默感。

试想，如果小张再多说一些话语，不急不慢，娓娓道来，让经理有一个错误的预期，有一个缓冲思考的时间，然后再一语道破，又会是一个什么样的结果呢?

“什么事?”经理走过来问。

“请拥抱我吧!”小张说。

“怎么回事?”经理十分不解。

“我要和你永别了。”小张说。

“怎么，你要出远门吗?”经理更加奇怪了。

“不，是你们的饭太难吃了，我再也不来了。”

请和上面的实例比较一下，两者的幽默效果就是截然不同的。小张这样一说，语言的幽默感，不就突现出来了吗?

又如：一个顾客到一家商店去买一件衣服，在货架上他看到两件一模一样的衣服，可价格却相差悬殊，于是就问老板：“我看不出来，这两件衣服到底有什么区别，价格差距却这么大，老板，请你告诉我好吗?”

这时，如果商店的老板直接告诉这位顾客原因，顾客肯定不会买这件衣服，老板的精明和幽默感也不会显露出来。聪明的老板故意卖了个关子，在语言技巧方面稍微设置了一个悬念，就出现了另一种结果。

老板说：“你买了它我就告诉你!”

顾客更加奇怪了，狠了狠心，掏了钱买下衣服，说：“现在，你可以告诉我了吧!”

“它们的真正区别就是价格不同!”老板说道。

你看，这是一位多么精明、又多么富有幽默感的商店老板啊!

所以我们在平时的交往中，为自己的谈话设置悬念时，注意不要急于让听众发笑，过早地把谜底泄露出来。操之过急，恰是幽默语言的大忌。

只有把悬念设置得更奇特，更深藏不露，才能更好地抓住听众的心理，所达到的幽默效果也就会更强烈。

## 巧说为妙

我们常说，“话有三说，巧说为妙”，幽默是最讲“巧说”的。在幽默中，我们很难找到几例是把自己的意思直截了当地说出来的，往往都要通过指桑骂槐、旁敲侧击等方式，把自己要说的意思深深隐藏起来，留给别人去体会。

也正是因为这样，幽默才显得特别意味深长，给我们留下了很深的印象，能使我们长久地思索。

有一个村干部经常跑到村民家中混饭吃，虽说村民们对他十分反感，但碍于他的身份，却不得不留他吃个饱。

这天，他又一次来到了老赵头的家里。老赵头无奈，只好给他盛了一碗饭。他很快就吃完了，但看到老赵头毫无为他再盛的意思，就强忍着心中的不快，把碗底翻过来，看了一会儿，赞道：“这碗不错，还是景德镇的。”

老赵头当然明白了他的意思，但却不动声色地去把空饭锅拎了过来，说道：“我家的锅质量更好，铝皮都是双料的，看见没有，皮有多厚啊!"

在这里，村干部先用了暗示的手法，借赞碗为名，以引起老赵头的注意，来为自己盛饭。老赵头呢，也模仿着他的手法，借赞锅的名义，讽刺村干部“皮有多厚”。

双方都没有把自己的意思明说出来，但却让我们都看得清清楚楚，明明白白。在这表面糊涂、内里清楚的针锋相对中，我们感受到了幽默者的机智和智慧，不由得为他们的语言而叫好，为这样的幽默而大笑。

在通常情况下，人们不大容易幽默得起来，就是因为我们表达自己意见的方式太直接了，遇到高兴的事情就笑，遇到生气的事情就怒，口无遮拦，想到什么说什么。而幽默却必须换个角度，多绕几个弯子，把要说的意思先隐藏起来，把直接的意思暗示给对方。

## 采取间接的方式

直抒胸臆是抒情，而绝对不是幽默。一吐无余固然畅快，但却离幽默非常遥远。把要说的话通过片面的逻辑，进行不科学、不直接的表达，幽默就会来到我们身边。

我们平时所做的事、所说的话，如果通过直接的方式难以达到更佳的效果，那么就不妨设想别的可能性，寻找一种间接的巧妙方式，使大家更顺利地接受，同时幽默感也就油然而生了。

小张到一个公司去考察，看见员工办公桌的对面都放着一台电脑，却没有人使用。他觉得非常奇怪，就问经理："那些电脑是干什么用的?"

"它们是我们公司的候补员工。"经理回答道。

小张更奇怪了："它们为什么要做候补呢?"

经理说："我每天都警告我的员工，谁不努力工作，那些电脑会取代他的。"

经理对员工的激励方式就是暗示的，他不曾对员工进行直接的训斥、指责，而是把那些“候补员工”摆在员工对面，让员工每时每刻都感受到巨大的心理压力，迫使员工采取更积极的姿态去努力工作。

间接的暗示远比直接的申斥更能令人动容，对心理的作用也显得更为持久，这不愧是一种高明的管理策略。与此同时，由于采取了暗示的方式，幽默的效果也是显而易见的。

有个老师在上课的时候，看到有女同学居然拿梳子梳头发。老师当然心里很不高兴，但他又知道在大庭广众之下公然批评这个同学会使她无法接受，于是他想出了一个巧妙的方式。

他用手点了点自己已经半秃的头发，说道：“年轻的时候我也像你们一样地梳头发，结果现在我的头发就这样了……”

此言一出，梳头的女同学再也不好意思梳下去了。

采取间接的方式，把不便直说的意思暗示给对方，使对方经过思索之后深深领悟，不仅耐人寻味，而且妙趣横生，给我们的生活增添了无限情趣。

## 转弯抹角地陈述自己的意思

在生活中，我们都有这样的体会，有的话是不能明说的，说得太明了，就会得罪人，就会使自己的人际环境受到负面影响。但如果不说，隐患就会长期潜伏下去，对自己的未来仍旧是很不利的。

既然不能明说，那么就要选择暗示的方法了，巧妙地换一个说法，用转弯抹角的方式，含蓄地说出来，留给对方去思索，同样能够达到目的。

在与别人就某一问题进行争执时，或是为自己争取某一关键性的位置时，都会遇到不少的麻烦，面临不少的批评甚至是攻击。如果我们选择了与对方针锋相对的方式，效果往往会很差，就会把自己降到和对方同等的位置上去了，不仅会使自己受一肚子气，还会给别人看了天大的笑话。

在这种情况下，最好的选择还是幽默，只要采用暗示的方式，使大家都领会到对方的拙劣，那么一切都不攻自破了。

早晨起来，妻子对丈夫说："我听见你夜里说梦话了，你能不能不说呀。"

丈夫在家里一向是个模范丈夫，对妻子一向言听计从，这时就温和地笑笑，回答道："如果梦中再不能说话，我就没有说话的机会了。"

丈夫的话是说得很隐晦的，妻子就必须想一想，才能弄明白，为什么丈夫说做梦才是他说话的唯一机会呢？原来丈夫是觉得妻子平时太多嘴多舌了，但他又不愿直截了当地批评妻子，就选择了巧妙暗示的方式，既给妻子留下了思索的余地，也具有了很强的幽默感。

一对夫妻已经有了一对儿女，其中女儿大些，已经四岁了，而儿子还仅有一岁。

家里的经济大权是操在妻子手里的，妻子每月都给自己的父母寄一百元钱，而给丈夫的父母却仅仅只寄五十元钱。对这一点，丈夫是很不满意的，但他一向老实，为维护家庭的良好气氛，一直忍着不说。

这天，丈夫的父母向他们来信借钱，妻子仍是一如既往，丈夫就觉得非常恼怒。恰巧儿子哭了起来，妻子叫他去哄哄儿子。

丈夫却走过去，抱起在一旁玩得好好的女儿哄了起来。妻子嚷了起来："你干什么！儿子哭成那样，你都不去哄？"

丈夫回答道："那个是五十元的，还是你来哄吧，我要哄这个一百元的。"

妻子立刻明白了丈夫的意思，从此以后，再也不在寄钱的事情上搞偏向了。

丈夫就运用了暗示的方式，来巧妙地表达自己的不满，达到了规劝妻子的目的。

在幽默中，暗示的手法大量存在，方法也是千变万化，难以列举穷尽的。可以毫不夸张地说，几乎所有的幽默中都包含有暗示的成分，只有放弃了明说的方式，才有可能创造出幽默的氛围来。

有个工厂的厂长在某家缝纫店做了套衣服，去取的时候，才发现衣服的袖子长了些，他就对缝纫师傅很不满意。

缝纫师傅说："袖子长点有什么不好？谁不知道，你的手伸得一向很长。"

厂长平时四处伸手的作风是很让老百姓们不满的，所以缝纫师傅才会借着这个机会，用暗示的方式，巧妙地给予了讽刺。厂长听了，脸上红一阵白一阵，半天说不出话来，但又无法发作，只好灰溜溜地走了。

用转弯抹角的方式来说，往往比直截了当地说出来更容易被人接受，而且由于说法的巧妙。出其不意，就造成了幽默的效果。

## 真假虚实，相映成趣

我们常说："真作假时假亦真，虚作实时实亦虚。"真则假之，假则真之，虚则实之，实则虚之，真真假假，虚虚实实，相映成趣，给人带来精神上的高度愉悦。

幽默的暗示手法便有如此神奇的效果，间接表达的意思与我们实际所要传达的意思就有真假虚实的对照效果，造成令人忍俊不禁的幽默感受。

我国著名国画大师张大千留着一口长胡子，这天，他和几个朋友在一块吃饭，席间有人以他的长胡子为由，一连讲了几个讽刺长胡子的笑话。

张大千听了，不慌不忙地说："刚才听了这位朋友讲的几个故事，不觉口痒，我正好也有一个有关胡子的故事，愿奉献给诸君一听。"说完他清了清嗓子，便开始讲了起来。

"三国时候，桃园三结义中的关羽、张飞皆因吴国人而亡，刘备大怒，特意兴师伐吴为弟报仇。

关羽的儿子关兴与张飞的儿子张苞复仇心切，争做先锋。这不禁让刘备头痛起来，思前想后，他想了一个主意，便对关兴和张苞说：‘你们两个分别讲述父亲生前的战功，谁父亲功劳大，谁就当这个先锋。’

张苞抢先发话：‘我父亲喝断长坂桥，夜战马超，三战吕布……’

关兴见张苞抢先一步，心中一急，半天才说出一句：‘先父须长数尺……’

关公的灵魂立在云端，见儿子只说出这么一句话，气得大骂道：‘不孝顺的儿子啊！父亲当年过五关、斩六将、单刀赴会，这些光荣的战绩你都不讲，光讲你老子的一口胡子又有何用？’”

张大千话音刚落，众人都大笑起来。那位讽刺张大千长胡子的朋友，不禁羞得低下了头。

张大千和朋友在酒宴上互相开玩笑，用讲故事的方式相互占便宜，情趣无限。如果张大千明目张胆地说：“你老子长着一口长胡子，我就是你老子！”就显得粗俗无礼、毫无情趣。而他显然找到了更巧妙的方式，通过一个自己杜撰的故事，把同样的意思暗示了出来，不仅使那个朋友无法反击，而且也具有了幽默的情致，展现了他的高雅情怀。

医院里，护士一边打针一边问病人：“先生，你是做什么工作的？”

病人说：“咱们可以算得上是同行呢。”

护士觉得非常惊奇：“怎么你们医院里还有男护士？”

“不，咱们是同行不同种。”病人补充说。

“为什么？”护士更加迷惑了。

“我是钉鞋的。”病人说。

钉鞋与打针，在动作上有相似之处，病人先借此抛出一个虚假的事实，然后再揭示自己的真实身份，真与假象对照，幽默效果就相当突出。同时还巧妙地暗示了护士打针水平的低下，就像钉鞋一样，令人有惨不忍睹之感。

不懂得暗示的人是不会有真正的幽默感的，用间接暗示的方式诱使对方顿悟，是幽默的一个基本要诀，在许多幽默的场合都屡试不爽。如果掌握了这一策略，我们就会把自己的幽默情趣展现得更游刃有余。

## 运用声东击西

声东击西，从字面意思来理解，就是目标向东，而事先向西，欲要前进，先要后退，明说张三，实指李四，指桑骂槐，含沙射影等等。把这一策略运用到幽默中，常能达到出奇制胜的效果，让听众在180度的急转弯中，捧腹大笑不止。

清朝褚人获的《坚瓠集》里记载着这样一个有趣的故事。

有一天，黄堂太守庆祝自己六十大寿，他的一个朋友特意从很远的地方赶来，为他祝寿。一进门，朋友就高声朗诵道："黄堂太守不是人！"

满座宾客听了，都大惊失色。有一个宾客认为他是来故意捣乱的，就站起来，大声质问道："不是人，是什么？"

"却是天上老寿星！"他响亮地回答道。

宾客们顿时哄堂大笑，之后便是一阵热烈的掌声。

这是一个典型的声东击西的幽默故事，朋友明骂"黄堂太守不是人"，让听众故意有一个歪曲的理解，然后却突然来了个180度的大转弯，表明自己是在赞扬黄堂太守的高寿。

欲褒先贬的极大反差，产生了极强烈的幽默效果，让人在哄堂大笑的同时，对这种幽默技巧里所包含的智慧产生由衷敬佩。

## 先顺应原意，再巧妙折回

在平时的交谈中，如果对对方的观点有不同看法，直接驳斥又会伤及对方的自尊，那么就可以先顺应对方的原意和观点，等对方误认为自己赞同他的观点、完全放松警惕时，再利用对方的问话，巧妙地折回自己的观点，以便造成出其不意的效果。

有一个公司职员向经理提出了自己的请求："经理，我要求调到另一家公司去工作。"

经理忙问："你对这里的工作不满意吗？"

"不，经理，我不抱怨这个。"

经理又问："你在这里工作，不幸福吗？"

"不，经理，我不抱怨这个。"

经理再问："你对你的工资待遇，感到不满意吗？"

"不，经理，我不抱怨这个。"经理更奇怪了："那你为什么要走呢？"

职员答道："因为在那家公司，我可以抱怨你上面提到的三个问题。"

经理听了，不禁笑了起来，很快他就给这个职员调换了工作，增加了工资。

职员对自己的工作本来是十分不满意的，但当经理问他时，他却故意顺应经理的意思，一再声明"我不抱怨这个"。当经理确信不是以上原因时，职员却利用经理的问话，巧妙地折回自己的观点，道出自己要求调动的真正原因。自己不露声色，却让经理接受了自己的观点，多么神奇啊，这就是声东击西的幽默所带来的力量。

类似的事例还有很多，让我们再来看下面一个故事吧：

在一个人头攒动的舞会上，有一个女士走到约翰的面前问道：“先生，您看我有多大年纪？”

“看您漂亮的眼睛，像18岁；看您美丽的衣服，像12岁；看您修长的头发，有15岁吧！”约翰说道。

女士高兴得跳了起来：“您能否准确地说出我的年龄？”

“请把我刚才说的三个数字加起来！”约翰笑了笑，说道。

这位女士当然是希望约翰夸她年轻的，约翰就先顺应她的意思，把她描述得很年轻。等女士信以为真、狂喜不已时，他再借着女士的问话，突然巧妙地折回自己的观点，出其不意，让听众忍俊不禁，哑然失笑。

## 自引荒谬，巧妙反击

在与别人交谈的过程中，如果发现对方话中存在一定的荒谬之处，可以先自引荒谬，以便让对方产生歧义，然后在对方的反问中，再巧妙地反击到对方身上，使对方的荒谬之处暴露得更突出。这一来一回，意义形成了鲜明的对比，从而产生了不错的幽默效果。

从前有一个农民，无缘无故地被一个财主诬陷。开堂审判时，县官明显向着财主，农民对此十分不满，就对县官说：“大人，你不能判我有罪啊！”

“你明明有罪，为什么不能判你有罪？”县官大声问道。

“回老爷，因为我是一个瞎子啊！”农民说道。

县官一听，不禁大笑起来：“看你两眼锐利，清澈如水，这不是明明睁眼说瞎话吗？真是荒谬之极！”

农民接过县官的话说：“老爷，如果我的眼睛不瞎，那么就是老爷的眼睛瞎了。”

“为什么？”县官厉声喝道。

“明摆着的事实和道理，老爷却视而不见，难道说你的眼睛没瞎吗?”

在这个故事里，农民就是采用了自引荒谬、巧妙反击的幽默方法，从而让县官自己认识到自己的荒谬之处。

再看下面一个故事：

从前有一个财主，骑着一头高头大马到野外游玩，在回来的路上迷失了方向，他左右看了看，见前方有一个农民在田里干活，便骑马走到农民跟前，大声问道：“老头子，你知道往二府庄的道路怎么走吗?”

农民见财主不仅不下马，而且还十分无礼，就想逗一逗这个财主，于是说道：“对不起，老爷，我没有时间和你说话，因为我们家的马刚刚‘哞哞’地叫着，生下了一头小牛，我得赶快回家去看看。”

财主一听，哈哈大笑，说道：“笑话，真是笑话，马怎么会下牛，而且还‘哞哞’地叫着，难道你家的马不会下小马吗?”

“老爷，我也不明白，这个畜生为什么不下马，而且还‘哞哞’地叫?”农民说道。

你看，自引荒谬、巧妙反击的幽默，真是痛快淋漓，妙趣横生，农民最后的那句话巧妙地笑骂了财主的无礼，而且使财主没有觉察，等财主反应过来时，又抓不住农民的把柄，只有哑巴吃黄连，把气往肚子里咽了。

## 有意以正导反，出奇制胜

以正导反，就是用正面的前提，故意导出反面的解释。这在斗智的谈话和社交场合中最为常见，利用对方心理预期的“东”和幽默者最后解释的“西”之间的巨大差异，产生幽默的情趣。

一位画家正在风景优美的乡村写生，这时一个农夫走了过来，对画家说：“尊敬的先生，你能送我一幅你的画吗？你的画将永世长存。”

画家听了非常高兴："可以，只是我不明白，你要我的画是为了收藏吗？"

"不是，先生，我有一个儿子，非常想成为画家，我决定把你的画拿给他看，我想这样一来，他就不会再想成为画家了。"

农夫索要画家的画，给画家一个农夫欣赏他的画的正面引导，画家心理的预期便向"东"了。然而农夫最后解释的原因却背道而驰，与画家心理预期的"东"恰恰相反，真正达到了声东击西的效果，幽默就自然而然地出来了。

再看下面这个例子：

李厂长平日里作威作福，吃喝贪污是家常便饭，工厂的工人苦不堪言。

有一天，上级部门到厂里考察干部，召开了群众大会，让大家对厂长畅所欲言。开始没有一个职工发言，考察人员鼓励大家说："李厂长到了咱们厂后，有什么功绩也可以谈谈嘛。"

有一个老工人站了起来，说道："我说两句，李厂长到了我们厂以后，功劳卓著，十分辛苦，这一点，大家都有目共睹。"说完便坐下了。

李厂长心花怒放，急忙叫起那位老工人，满面笑容地说道："怎样辛苦，你可以具体地和大家谈谈吗？"

"李厂长平时不管走到哪里，都随身携带一个耙子，看到钱都往自己的怀里搂，你能说不辛苦吗？"老工人又站起来说道。

大家一听，便哄堂大笑起来，李厂长顿时傻了眼，脸上红一阵白一阵的，急忙灰溜溜地逃出了会场。

老工人正是巧妙地使用了以正导反的手法，达到了声东击西、出奇制胜的幽默效果。全厂工人在哄堂大笑之后，又有哪个不在他的幽默技巧面前所深深叹服呢？

以正导反，利用正面的前提，导向反面的解释，理由一定要十分充分、十分奇特，越别出心裁，其结果越出人意料，幽默的效果也就越强烈。

## 钝化攻击的锋芒

咄咄逼人地攻击别人，怒发冲冠地辱骂别人，都是幽默的大忌，一旦这样做了，幽默就会离我们远去。

幽默是制造笑声的，有幽默出现，就会有笑声出现。当然，幽默绝不排斥批评与揭露，幽默的与人为善原则恰恰就体现在批评与揭露之中。只不过幽默的批评与揭露是含蓄的，带着更多的情趣在内，因此它与直截了当的批评和一针见血的揭露是有相当明显的区别的。

马来西亚的罗西市风景十分优美，游客很多，在公路的入口处，矗立着这样的标语：

> “欢迎各位游客和司机朋友光临本市，车速不超过40公里，你可以饱览本市的优美景色；车速超过70公里，法庭欢迎你前来做客；车速超过90公里，本市设施完备的急救医院随时恭候你的光临；车速超过120公里，上帝会接见你的，阿门！”

这则标语的意思是十分明显的，就是“禁止超速行驶”，但它并没有生硬地把这样的意思写出来，就像我们在马路边常见的那些标语一样。它有意列举了超速行驶所造成的几种后果，语言风趣幽默，使批评的意味淡化了，攻击的力度钝化了。与此同时，它却增加了情趣，就像一个好朋友在与我们娓娓谈心一样，说得那么动听，让人轻松地接受。

钝化了攻击的锋芒，就营造了和谐的气氛，缓和了紧张的关系，给自己的人际交往带来了莫大的好处。这是需要有高度的涵养、博大的胸襟和机敏的思维的，只有这样，才能把剑拔弩张的气氛消于无形，而转化成幽默的笑声。

## 把直接的冒犯改为间接

对对方有了不满，就不管三七二十一地说出来，痛快是痛快了，但却很可能伤害了对方的自尊，使对方不能接受，严重的还会造成对方和自己的对立。

下面这段对话是在家庭生活中常常遇到的，攻击的锋芒就很强烈：

丈夫：你整天喋喋不休，好像世界上的事没有你不知道的。

妻子：真的吗？

丈夫：是的，只有一件事你自己不知道，而我恰恰知道。

妻子：什么事？

丈夫：你对自己一无所知。

可想而知，妻子听了这番话心里该是多么的愤怒和伤心了，也许夫妻之间就会因此爆发一场“大战”。

再来和下面这段对话作个比较，看看感受会有什么不同：

丈夫：亲爱的，你知道为什么你不长胡子吗？

妻子：那是因为我是女人啊。

丈夫：不对。

妻子：那是什么原因？

丈夫：那是因为你整天喋喋不休的唠叨、下颚锻炼过度的缘故。

在这里，丈夫同样是在批评妻子的多嘴多舌，但攻击的力度就没有上例那么强烈，原因是把自己的直接冒犯改成了间接，从而钝化了攻击的锋芒，使妻子听得更顺耳一些，幽默的情趣也得以有效地增强了。

小李第一次把女朋友带到家里，为了显示自己的才华，把自己的几张素描画拿出来让她欣赏。

“不错，这些素描和我妹妹画的水平不相上下。”女友说。

“你妹妹是美术专业的吧？”小李十分自信地问。

“不，她是小学三年级的学生。”女友说道。

批评男友画得不好，却不直接说出来，而故意和一个小学生作比较，间接地指出男友的绘画水平就是小学生的水平，攻击的意味就得以弱化，而调笑的意味却增强了。

本意是要批评和揭露，却故意绕个弯，迂回地说出来，间接地表达自己的意思，是欲擒故纵的幽默策略在可能造成对抗的严峻形势面前的机智表现。我们只有学会这种策略，才能更有效地控制当前的局面，使生活始终向着快乐的方向转化。

## 夸张到荒诞的程度

钝化锋芒的另一个有效办法是夸张，不管对方的言行有多么荒谬，也用不着针锋相对地和他争辩，只要把他的言行进行无限度地夸张，使其中的荒谬色彩更加浓厚，连他本人都无法认可了，那么他的言行就不攻自破了，他就会认识到自己的错误，而对抗的局面也不会出现。

妻子：家里有一架照相机，为什么又买回来一架新的？

丈夫：这架照相机有高速快门。

妻子：那又怎样？

丈夫：这样我就能够拍到你闭嘴的照片了。

妻子是爱唠叨的，直接指出来显然不会改变现状，丈夫就有意进行了夸张，希望用高速快门的照相机来拍出妻子闭嘴的照片，夸张到了荒诞的程度，批评的意思是有的，但调笑的意味却更显著。妻子会立刻接受丈夫的批评，又不会影响夫妻关系的美满。

再来看一段幽默的对话：

妈妈：小明，你在干什么？

小明：妈妈，我在画画。

妈妈：你画什么啊？

小明：魔鬼的脸啊！

妈妈：你见过魔鬼的脸吗？

小明：妈妈，我见过。

妈妈：什么时候？

小明：爸爸和妈妈吵架的时候。

父母吵架的模样一定很难看，经过孩子的夸张，竟变得和魔鬼一样了。在孩子画的鬼脸面前，父母怎不为自己的行为羞得无地自容呢？这远比直接的批评、揭露更有感染力，更易让人接受。

妻子指责丈夫说：“什么事你都自己做主，眼里还有没有我这个妻子？”

丈夫说：“我的眼睛那么小，怎么放得下你这个大个子。”

面对妻子的指责，丈夫没有针锋相对地进行争辩，而是把妻子的话进行了引申和夸张，使“眼小”和“大个子”形成了强烈的对照，幽默感很强，有效地改善了当时的氛围，使妻子转怒为喜。

有一个贵族想邀请一位著名的小提琴手到她家去演出，但她又不想出钱，于是给这位小提琴手写了一封邀请函：“亲爱的小提琴手，请明天中午10点钟，一定到我家来喝咖啡，注意，请你千万不要忘了带上你那把心爱的小提琴。”

小提琴手看完邀请函后，立即回函道：“谢谢你的邀请，我一定去喝咖啡，但是我的小提琴就不去了，因为，它从来不喝咖啡。”

本是拒绝对方的邀请，但顾忌对方的颜面，不进行明说，故意用荒诞的引申“小提琴不喝咖啡”来表明态度，既十分机智，又幽默无限，展现了小提琴手的高雅情怀。

在生活中我们所面对的矛盾都不是你死我活的，完全没有必要采取“以牙还牙，以血还血”的极端方式。使用钝化锋芒的方式来削弱针锋相对的愤怒，使幽默的情趣更浓地扩散开来，那么一切的不愉快都会烟消云散，高质量的生活就会时刻拥抱着我们。

## 答非所问，向另一个方向引申

在对抗明显的情况下，采取幽默的方法能有效地改变当时的气氛，使人际关系得以和谐。但必须指出的是，幽默虽说能缓和对抗，但却无法完全消除对抗。

尤其是在原则性的对抗中，即使幽默发挥得再高超，也无法影响得对方完全放弃原则，站到自己的立场上来。

因此，从这个意义上说，幽默改善人际关系的作用也不是万能的。在必要的情况下，幽默的讽刺锋芒甚至还会变得十分犀利，令对方无可招架。

幽默有软、硬之分，软幽默用于亲朋好友间的调笑，能增加欢愉的气氛，而硬幽默则用于对丑恶现象和敌对势力的抨击和揭露，既寸步不让，又具有很强的幽默情趣。

不管是软幽默还是硬幽默，在回答对方的责难时，通常不直接给以正面回答，而是故意向另一个方向引申，用答非所问的方式使自己的回答具有更强的幽默感。

在公共汽车上，一个小伙子看到邻座一位漂亮女子，便想借机和她说话。

小伙子说："小姐，请问你穿的是什么牌子的衣服，真漂亮，我想买一件给我的妹妹。"

女子诧异地打量了他一番后说："我劝你还是不要买吧。"

小伙子急切地问："为什么呢？"

"如果她穿上我这件衣服，什么样的男人都会找借口和她说话的。"女子说道。

漂亮女子识破了小伙子的企图，她故意不正面回答小伙子的问题，而是把当前的事实引申到对方妹妹的身上，给小伙子一个响亮的警告，使小伙子自食其果。

法官问迈克："你是愿意向约翰先生道歉呢，还是去蹲一个月的监狱?"

"我打算道歉。"迈克说。

法官命令道:"那你现在立即向约翰先生道歉!"

迈克对约翰说:"对不起,我早晨骂你不是东西,现在,你是东西了。"

迈克明是道歉,实则继续攻击,因为"你不是东西"和"你是东西"都是辱骂对方的话语,妙就妙在迈克仅仅改动了一个字。表面看来是做了完全相反的陈述,但事实上攻击的力度却得以递增了。

这是一则典型的硬幽默,适用于敌对双方的相互攻击,由于说得十分巧妙,就会使对方无法招架,甘拜下风。

一对夫妻因为家庭琐事正在吵架。

妻子嚷道:"我就是嫁给疯子,也比嫁给你强。"

丈夫反驳道:"这不可能,婚姻法规定近亲是不能结婚的。"

丈夫的反击是很巧妙的,他在妻子原话的基础上进行了引申,指出妻子是疯子的近亲,也就是同样的疯子。尽管有辱骂的成分在内,但由于说得十分含蓄,妻子就必须思索一番才能明白,直接的对抗就得以缓和,同时也有了幽默的情趣。

钝化攻击的锋芒,是在我们面临对抗的严峻处境时所进行的最佳选择,这样一来,幽默的情趣出现了,欢乐的气氛就又来到了我们身边。

## 巧借话题的方法

在对方已经说出某句话的情况下,我们再借助这句话的意思,巧妙地表达出自己想要说的内容。对方的话是桥梁，我们要让自己的内容从这座桥梁上大踏步地通过。

等我们要说的内容表达出来之后，会让对方惊异万分。对方万万想不到，他的话竟会被我们做了如此巧妙地利用。

美国的选举法规定，只有固定收入的富人才有资格被选进议会，富兰克林对这句话很是不满，在一次议会辩论中，他针对某个议员的这种观点，幽默地表示了反对。

他说："按照您的说法，为了当一名议员，我就必须拥有三十美元。现在假定我有一头驴，刚好值三十美元，我就有资格被选为议员了。但可惜的是，过了一年，那驴死了，我就没有资格当议员了。"

说到这里，他微笑着面对那个议员，加重了语气，说："您能告诉我，到底谁是议员？是我呢，还是那只驴？"

对方的话就是如此巧妙地被借用过来，把自己要说的内容明白无误地表达出来了。就如那个"以子之矛攻子之盾"的故事一样，对方观点的荒谬恰恰被对方自己的话给证明了。

能够巧借话题的人必定思维极其敏捷、反应极其迅速，才能在极短的时间里发现对方话里的破绽，并用这种巧妙的方式予以揭露。

一旦我们要表达的意思一目了然，大家都会得到幽默的享受，为我们的机智和风趣而开心大笑。

## 借对方的话题为自己解困

对方向我们发起语言攻击，提出一些无理的要求，步步进逼，想使我们出丑，或迫使我们答应他们的要求。在这种困境面前，我们要想转危为安、扭转局面，就必须运用自己的智慧，寻找一条可行之路。

孟席斯胜利当选澳大利亚总理之后，举行了他的第一次记者招待会。有一个记者故意奚落他说："总理先生，听说您在选择内阁之前，一定要先征求一下控制您的那些大老板们的意见，是不是这样呢？”

听到这么无礼的提问，孟席斯并不恼怒，他只是淡淡一笑，答道：“也许吧，只不过，年轻人，请你不要把我的老婆也列入此列。”

记者的问话是咄咄逼人的，言下之意是说孟席斯没有独立组织内阁的能力，实际上只是别人的一个傀儡。孟席斯在表面上认可了对方的奚落，却巧妙地借助对方的话题，把目标转移到了另一个方向，即他的老婆身上。

孟席斯是在表明他不怕老婆吗？并非如此，他想说的意思是在这样的国家大事上，连自己最亲近的老婆都不可能对他进行干预，更何况其他外人呢？

在说这话时他有意采取了自嘲的口气，更增强了幽默的味道，令对方无法再攻击下去。

赫维斯是个著名的小说家，长得很胖，常常成为别人取笑的对象。

有一次，一个客人前来拜访他。客人长得又高又瘦，和他肥胖的身材形成了鲜明的对比。

客人看着他的模样，不由得笑了起来。说道：“如果我像您这么胖的话，我肯定活不下去了，非马上上吊不可！”

赫维斯也笑了，回答说：“如果我接受了您的建议，去上吊的时候，我一定会把您拿来当绳子的。”

话一说完，主客双方都大笑起来。

客人的话是取笑赫维斯的肥胖的，但赫维斯却巧妙借着对方“要上吊”的话题，说出了“拿对方当绳子”的妙语，暗含了对对方又高又瘦的取笑。

萧伯纳是英国大文豪，有一次，一个小姑娘给他寄来一封信，在信中，小姑娘表达了对他的敬仰，并表示打算以他的名字来为她心爱的小狗命名，所以特意征询萧伯纳的意见。

萧伯纳看得哭笑不得，但又知道小姑娘此举完全是一番好意，不能断然拒绝，伤了小姑娘的心。

他想了一会儿，就写了封回信，在信中写道："亲爱的孩子，我十分赞同你的主意，但我希望你最好和你的小狗商量一下。"

把大作家的名字给小狗安上，这不是对大作家的侮辱吗？不过这是从成人的眼光来看的，小姑娘却不会这么想。小狗是她的心爱之物，而萧伯纳是她敬仰的作家，把两者的名字合而为一，是再正常不过的想法了。

萧伯纳能体会到小姑娘的心情，这正是大作家超出常人的地方。他不对小姑娘训斥、指责，而是用幽默的语言来表达他的拒绝之意，也是他能成为世界大文豪的过人之处。

他不让小姑娘和他商量，而劝她去和小狗商量，貌似荒唐，实则机智，是从对方的话中巧妙借来的，却又恰如其分地塞进了自己的意思，何等幽默啊！

借用对方的话题来为自己解困，可不是一件容易的事情。本来自己已经陷入比较困难的境地，手足无措，焦头烂额，只求脱身就谢天谢地了，哪还顾得上其他？

我们要想达到这般境界，就必须使自己保持镇定，同时认真思索对方所说的每一句话，很快发现对方话中可被我利用之处，机智地抓住它，借用过来，再把自己的意思和它联系起来，那么一个新的观点就出现了。

如果我们经常这样做，那么在不久的将来，我们就会具备出类拔萃的智慧，使众人在幽默的笑声中，向我们仰视了。

## 用已有的话题制造可笑的局面

已有的话题并不显得可笑，但我们有意借用，特别突出其中的某些部分，使它显得和事实格格不入，达到了可笑的程度，于是嘲讽的意味就有了，幽默的氛围就出现了。

纪晓岚有"清朝第一才子"之誉，不仅才识过人，而且幽默无比，举手投足都能把人逗笑。

这天，他和几个朋友一起在街上闲逛，看见一家小店的老板娘坐在店门口东张西望，他灵机一动，就对朋友说："看见那个老板娘没有？我只要说一句话就能让她笑起来，还能再说一句话，就让她吵闹不休。"

朋友们都不相信，于是双方就打赌，以一桌酒席为赌注。

纪晓岚整理整理衣衫，微笑着走到小店门口，对着看门狗恭恭敬敬地行了一个礼，然后叫了一声："爹！"

老板娘一愣，接着就捂着嘴笑了起来。

然后纪晓岚转过身来，对着老板娘，也恭恭敬敬地行了一个礼，再叫一声："娘！"

结果呢？结果，纪晓岚的一桌酒席就赢到手了。

这是一个典型的捉弄人的小幽默。纪晓岚为了制造可笑的局面，就故意先把狗当爹，再借着这个已有的话题，又把老板娘做妈，达到了捉弄老板娘的目的。

明朝翰林陈全因误入禁宫，被太监总管抓获。太监总管早就听说他善于讲笑话，于是就给他出了个难题，要他只说一个字，就把人逗笑。如果能逗笑，就把他放了；如果不能，就要杀了他。

陈全略一思索，果真说了一个字："屁。"

太监总管问："此话怎讲？"

陈全说："放也由公公，不放也由公公。"

太监总管顿时大笑不止，立刻把他放了。

陈全先说一个"屁"字，然后再借解释的机会，制造了可笑的局面。"放也由公公，不放也由公公"，一语双关，表面是说放屁，实际是说放人，何等巧妙，又何等幽默。

在生活中，在工作中，为了活跃气氛，我们可以预先设定一个话题，然后再把这个话题加以借用，和某些特定的意思相联系，突出其中的可笑成分，达到幽默的目的，使大家都感受到幽默的快乐，为我们的人生增添活力，为我们的精神增添情趣。

## 幽默引申出新意

幽默感强的人是最善于从平凡的生活中发现不平凡的事物的，他们敏锐的观察能力、活跃的思维能力、巧妙韵表达能力，都促使他们把这些新鲜的感受尽快展示出来，给我们带来惊奇，也带来幽默。

在和别人交谈的时候，幽默者的表现也是这样。他们能从大家习以为常的话语中发现不寻常的东西，再进行智慧的发挥和引申。等他们说出来的时候，我们才恍然大悟，原来这些话语中竟还有这么多的幽默。

引申出新意，是幽默的重要策略之一。不懂得引申和发挥的人是不会成为幽默者的，因为幽默口才的相当一部分都是在与对方的交谈中，靠引申和发挥达到效果的。

小刘和老孙是好朋友，这天老孙过生日，小刘就拿了一个鸡蛋，去给老孙祝寿。小刘满面春风地说："老兄过生日，小弟特准备了一只肥鸡，只是嫩了点。"

老孙没说什么，笑一笑，就收下了。

过了些日子，小刘要过生日了，老孙就砍了几根新竹子，扛到小刘家里，笑容可掬地说："贤弟寿辰，愚兄特送来十斤鲜笋，只是长得老了一点。"

他们的对话就是绝妙的引申：小刘送的肥鸡，竟嫩得达到鸡蛋的程度，那么老孙送的鲜笋，自然就可以老得变成竹子了。

只要引申得新奇，发挥得巧妙，就能造成很强的幽默效果，让人捧腹大笑。

## 有意偷换概念，令人惊奇不已

在对方说的话中，有某个特定的词，本来表示的是这个意思，我们却故意把它理解成那个意思，并按照我们理解的那个意思给予发挥，说出令人惊奇的话来，就是偷换概念。

偷换概念是常用的引申方式之一，在引申的过程中，能打破原有的概念限制，在人们的固有认识之外，寻找到全新的感受，与原有的概念形成鲜明的对照和反差。

在这里，我们的引申并不是胡乱发挥，而是有一定的目的，表达一定思想和情感的幽默思维活动，因此就一定要多动脑筋，想一想怎么样才能把概念偷换得更巧妙，更出人意料，使自己的语言不断出新。

有一个贵妇人想赶赶时髦，居然想当作家，专程去向巴尔扎克请教如何写小说，才能使自己尽快成名。

巴尔扎克说："写小说的方法嘛，在我看来很简单。"

贵妇人忙问："是什么？"

巴尔扎克说："从左到右。"

对贵妇人的提问，巴尔扎克给予了明确的答案，却又等于什么也没有回答。他故意偷换了概念，把"写小说的方法"偷换成了"写字的方法"，使我们感受到了幽默。

再如：

在课堂上，老师问学生："五减三等于几？"

偏偏这个学生很笨，怎么也回答不出来。

老师就启发他："请你想一下，假如你哥哥有五个苹果，你拿走他三个，结果会怎么样？"

学生哭丧着脸说："结果，他肯定会把我揍得半死。"

学生的回答就是偷换概念，他把老师的问题理解偏了，老师是问他减法的结果，他却偷换成了“拿走哥哥苹果会给自己带来什么后果”，于是回答出了令人啼笑皆非的答案。

从原来的概念里引申出了意料以外的新观点、新看法，尽管这些观点、看法都是原来概念里并不存在的，但由于这种偷换与人们的想象之间距离太大，显得既荒唐又可笑，幽默就产生了。

## 把词语的多个意思巧妙联系，引申出新的内容

汉语中一词多义、一音多字的现象是十分普遍的，这就给幽默的引申提供了广阔的空间。我们可以把这些有一定关联的词语联系起来，从这个意思引申到那个意思，造成出人意料的结果。

我们都知道，在汉语中，同音字、近义词大量存在，多的有几十个，少的也有三五个，这些字音、字义相近的状况给语言的幽默运用提供了巧妙的新方法。

即使某两个字的读音完全相同，但字形、字义却相差很远，在严密的著作里和严肃的场合中，都是不允许混用的。但幽默恰恰不管这些，它可以仅仅根据双方字音的相同、字义的相近，就不管三七二十一，把它们的意义也有意等同起来，由这个意思自由地跳到那个意思上，以引申出全新的内容。

古时候有一个大财主姓朱，本来是个很粗俗的人，却偏偏要故作文雅。他家新来了个小猪倌，来给他家养猪，他就特意把他家的规矩给小猪倌交代一番。

这套规矩是相当烦琐的，比如他的姓与“猪”同音，是不能叫的，应该叫成“自家老爷”；还有，“吃饭”要说成“用餐”，“睡觉”要说成“就寝”，“生病了”要说成“患疾”，“病好了”要说成“康复”，“人死了”要说成“逝世”，“人犯法被杀了”要说成“处决”，等等，都要求尽量说得文雅一些。

小猪倌把这一切牢记在心。第二天，猪圈里有一头猪得了瘟病，不吃不喝，小猪倌就跑去向朱老爷报告："不好了，有个'自家老爷'不肯'用餐'，不肯'就寝'，想必是'患疾'了，看样子只怕不容易'康复'，不如就把它'处决'了吧。"

朱老爷听得脸色铁青，半天说不出话来。小猪倌见他这副模样，就接着说下去："如果不想'处决'，要不了两天，'自家老爷'就会'逝世'了……"

在这则小故事里，小猪倌有意借用"朱""猪"字音相同的特点，把该用在人身上的词语都统统用在了猪身上，一语双关，对故作文雅的朱老爷给予了辛辣的讽刺，使人不由得捧腹大笑。

唐朝皇帝姓李，听说道教始祖老子也姓李，就有意抬高道教，压低佛教。有个叫法静的和尚胆大包天，竟跑去见皇帝，明确表示反对。

皇帝大怒，将法静定为死罪，把他打入死囚牢中，并告诫说："你开口佛法无边，闭口我佛如来，那好，我就给你七天时间，你好好去念佛，临刑时看佛救不救你！"

在这七天里，皇帝天天派人去牢里看法静是不是在念如来。回报的人说法静整天闭目静坐，口中念念有声，就是听不清在念什么。

第七天到了，法静被押上刑场，皇帝问："你的佛念得怎么样了？"

法静笑着回答说："这七天我没有念佛，天天都在念皇帝陛下。"

皇帝觉得很奇怪，就问为什么。

法静说："陛下就是我佛如来，我佛如来就是陛下！"

皇帝听了，顿时心花怒放，说道："好，既然如来就是朕，朕就是如来，那就赦你无罪吧。"

看来，不管是凡夫俗子，还是一心向佛的和尚，都是免不了向人说好话的。法静奉承的功夫确实相当了得，居然把皇帝与如来融为一体，既抬高了佛教，又吹捧了皇帝，引申得既别出心裁，又机智、幽默。

## 引申出话外之音

在与别人交谈的过程中，要善于从对方的话中听出另外的意思，然后再在对方原话的基础上，巧妙引申，使其中荒唐的成分更加突出，在与原话的对照中，我们就会感受到幽默的无穷魅力。

从前有一个人在过节时请客，一共邀请了四位客人。

眼看就到中午了，还有一人未到。于是他就自言自语："该来的怎么还不来?"

这话一出，其中的一位客人心里就不乐意了："该来的还不来，那么我是不该来的了?"

于是站起身来，愤愤而去。

一看这种现状，他就非常后悔，连连责怪自己说错了话，叹道："不该走得又走了。"

第二位客人一听，也不高兴了，心想："不该走的走了，看来我是该走的!"于是也生气地拂袖而去。

他见两个客人都被气走了，后悔得不得了，跺着脚叹息："我说的又不是他们，他们走什么呢?"

最后一位客人听这话很不顺耳，心想："不是说他们，那就是我了!"于是狠狠瞪了他一眼，也扬长而去了。

我们在大笑之余，是不是该责备此人的不善言谈呢?他居然把自己请来的客人一一气走，而且还都是无意的，真是天大的笑话啊!

那三个客人之所以会一一离去，就是因为他们从他的话中引申出了话外之音，得出了错误的结论。因此从这个角度来说，责任并不完全在他一人身上。

# 套用与篡改幽默法

在人类的文明进程中，有无数的哲人、学者用他们的智慧和心血，创造了一座座经典的丰碑，凝聚成知识的宝库，成了人类进步的光辉阶梯。对他们的经典著作，我们倾心学习，从中吸取宝贵的营养。对那些经典性的名句，我们时常挂在嘴边，时时鞭策自己，不断提高自己的知识水平与道德修养，走向更新的人生境界。

不过如果我们每时每刻都对经典性的东西持这种态度的话，那么人间就不会有幽默的精灵在飞翔了。有幽默感的人对这些经典性的东西同样是心怀景仰的，但与此同时，他们并不拜倒在那些哲人、学者脚下，而是善于从他们的话里发现新的东西，并活学活用到自己的人际交往中。

更奇妙的是，他们还常常别出心裁地把这些句子进行出人意料的套用和篡改，使它们变得面目全非，以造成一种又滑稽、又深刻的情趣，把幽默带给大家。

对经典性的东西是这样，对那些流行歌曲、童谣、民歌之类的词句就会更加“放肆”了，随手拈来，巧妙篡改，就成了一句使人放声大笑的妙言了。

不管是名人名言，还是大家都耳熟能详的市井流行语，都是我们发挥幽默才能的绝佳材料。对这些现成的句子，我们可以套用，也可以随心所欲地篡改，以更好地造成幽默效果。

## 对现有的句子进行巧妙的套用

对那些大家都知道的句子，我们可以随时拿来，随时套用。由于脱离了原有的语言环境，放在新的环境中，就形成了有趣的对照，这些句子往往具有了新的含义，给我们新的感受。

石董桶是我国南北朝时期北齐高祖皇帝身边的幸臣，他具有很高的幽默才能，能给大家带来笑声，因此齐高祖特意把他选入宫中，让他来给自己取乐。

这天，齐高祖给大家出了个谜语，谜面叫作“卒律葛答”，在现代汉语里的意思是“疙里疙瘩”。其他人都猜不出来，石董桶却猜中了，是煎饼。

齐高祖再叫大家出谜，让他来猜。石董桶就出了个谜语，还是“卒律葛答”。

齐高祖愣住了，想这个谜面必定还有一个更奇的谜底，就用劲猜了好一会儿，却还是想不出来，只好问石董桶谜底是什么。

石董桶笑了，说：“是煎饼。”

齐高祖质问他说：“你为什么把我的谜语又搬来重用呢?”

石董桶说：“陛下，我只不过是借着你的热锅，再来煎一个我的煎饼罢了。”

齐高祖被逗笑了，周围的其他人也哈哈大笑起来。

石董桶套用了齐高祖的谜语，却给齐高祖一个措手不及，因为在我们的思维习惯里，类似石董桶这样的出谜，必定蕴含着一个新的谜底，因此齐高祖才会向别的方向去想，以至于苦苦思索，就是找不到答案。

等到谜底揭开之后，大家才发现，石董桶不过玩了一个套用的把戏罢了，由于与预定的想法有了反差，才有了幽默的效果。

古时候有一位太守上任，百姓们一连几天演戏庆贺，大家齐声欢呼：“全州百姓齐庆贺，灾星去了福星来!”

太守听老百姓把前任太守骂成灾星，却把他当成福星来欢迎，很是高兴，忙问：“这两句词写得好极了，是那位高手写的啊?”

百姓们回答说：“这是多年来形成的老规矩，新太守上任的时候都要这么喊。等太爷您离任、下任新太守上任的时候，我们还是要这样喊的！”

这样的套用名为赞颂，实为讽刺，赞颂与讽刺的强烈反差，就构成了幽默的氛围，令人笑得合不拢嘴。

有个人的亲家母死了，他就托村里的秀才来写一篇祭文。秀才图省事，从书中抄了一篇来应付。拿给他一看，却是一篇祭亲家翁的文章，于是他就找到秀才，对秀才说：“写错了。”

秀才说：“不可能错的，文章是从书上一字不差地抄下来的，岂有错的道理？是不是你家把人死错了？”

秀才的死不认错、强词夺理，给我们带来了幽默的感受，同时也提醒我们，不恰当地套用现有的句子和文章，是会闹出笑话的。

套用现有的句子，表面看来比较容易，但实际上也是需要有敏锐的观察力和敏捷的思维习惯的。那些现有的句子往往大家都很熟悉，要想达到现搬现用、出其不意的效果，就必须好好动一番脑筋，往大家都不曾想到的方向去努力，才会达到幽默的目的。

## 模仿的幽默法

幽默是离不开模仿的。对别人言行的模仿，能突出其中的可笑成分，给我们带来欢乐的笑声。对影视作品中人物形象的模仿，可以制造一种有趣的反差，给我们带来精神的愉悦。对已经发生过的一些趣事的模仿，可以夸大其中的趣味性，增加欢快的气氛。

幽默感强的人都是模仿的高手，他们善于以自己惟妙惟肖的模仿，来营造融洽的氛围，改变大家的精神状态。

在幽默艺术中，运用模仿这一策略的地方是相当多的，比如相声，就把模仿视为一种重要的技法，得到不间断的运用。

相声讲究说、学、逗、唱，其中的“学”指的就是模仿。相声演员能惟妙惟肖地模仿生活中各色人等的行动和对话，把他们的趣事有始有终地模仿到底；还能模仿鸟叫、兽鸣、风吹草动等身边的各种声响，给这门艺术增添了无穷的魅力。

在相声《海燕》中有一段模仿锣鼓的表演，就很生动活泼，充满情趣。

甲：经过三天三夜的战斗，妇女船满载鱼虾，胜利返航！全村的乡亲们来到码头上欢迎她们！码头上是欢声笑语，锣鼓喧天。那锣鼓声把人们的喜悦心情全表达出来了。

乙：真够热闹的。锣鼓声是怎么表达的？

甲：大锣一瞧这鱼呀！（学大锣声）一筐！一筐！又一筐！一筐！一筐！又一筐！

乙：小锣呢？

甲：（学小锣声）抬，抬，抬，快抬！快抬！

乙：大鼓呢？

甲：（学大鼓声）高兴！高兴！高兴！

乙：小喇叭呢？

甲：小喇叭更有意思啦！（学小喇叭声）呜儿里哇……（唱山东柳琴）海燕啊！姑娘人小志气大，闯渤海，捕对虾，海上盛开大寨花，大寨花……

在这段模仿中，既表现了锣鼓的热闹，同时又把一筐一筐抬鱼下船的动作巧妙地融入其中，充满了生活气息，又具有极强的幽默感。

我们在与别人交流的过程中，常常需要叙述某个事件、描述某个已经过去的场面，因此掌握模仿的技能是特别重要的。就是刚刚过去的事情、别人刚刚说过的话，如果具有某种趣味性，也是很有必要加以模仿的。

我们的模仿不应是简单的重复，而应根据当时环境和气氛的需要，对其中最具情趣性的内容加以夸大和突出，以便造成更强的幽默感，带给大家更强烈的愉悦感受。

## 对语言的幽默模仿

平时我们在与别人交谈的过程中，也常常有意模仿别人的说话，并有意夸大其中的可笑成分，让身边的人都笑起来。

张三有好几天没洗澡了，身上都长了虱子，正在人群中和大家说话，突然觉得很痒，他就伸手在衣服里摸了一把，捏住了一个虱子，悄悄丢在地上。

看见李四在盯着他看，张三就故作轻松地一笑，说："我还以为是个虱子呢。"

李四走过来，把虱子从地上捡起来，拿到眼前认真地看了一会儿，然后笑道："我还以为不是个虱子呢。"

李四对张三语言的模仿，就是很有幽默感的。他故意学着张三的口气来说，却在张三的原话中故意多加了一个"不"字，就形成了强烈的对比，使幽默的气息扑面而来。

比这种语言模仿更进一步的，是对别人话中所包含的思维方式的模仿。如果发现原话中有明显的荒谬之处，就可以模仿这种思维方式，引申出更荒唐的意思，使原话不攻自破。

有一年，某县大旱，有个农民向县太爷报告说灾情相当严重，请求减免赋税。

县太爷问："玉米收了几成啊？"

农民说："只有三成。"

县太爷又问："麦子收了几成啊？"

农民说："也只有三成。"

县太爷再问："那么稻谷呢？收成怎么样？"

农民说："可怜死了，还是只有三成。"

县太爷一拍桌子，吼道："大胆！明明有了九成的丰收，你却谎报灾情，该当何罪！"

农民一听，急忙辩解说："大人，我活了一百五十多岁了，九成的灾年还是第一次遇到。"

县太爷愣住了："什么，你是在胡说八道吧？你能活一百五十多岁？"

农民说："我今年七十二岁了，大儿子四十三岁了，小儿子三十八岁了，合起来不就是一百五十多岁了吗？"

县太爷怒道："大胆刁民，哪有你这样算年龄的？"

农民回道："青天大老爷，哪有你这样算收成的啊？"

县太爷计算年成，有意使用了荒谬的思维模式，农民也模仿着这种思维方式，推算出了自己的年龄，与现实形成了极大的反差，幽默感就会自然出现了。

## 对行动的幽默模仿

对别人的一举一动进行模仿，夸大其中的可笑和荒谬之处，也能造成很强的幽默感。卓别林的电影已成为喜剧片中的经典，他对生活中的各色人等的动作都进行了极有特色的模仿，给我们带来了全新的感受。

在生活中我们也经常有意模仿别人的动作，同样收到了很好的幽默效果。

海涅是德国著名诗人，有一天，他的一个朋友从很远的地方给他寄来一个大包裹。他把包裹打开，发现里面只是一大堆软纸，把软纸扒掉，最中间是一只小小的盒子。再打开盒子，才在盒子里找到了一封信。他打开信，发现信中只有短短的一句话："我身体很好，日子过得很快乐。"

海涅看得啼笑皆非。他略一思索，就给朋友寄去了一个又大、又沉重的木箱。

朋友看到这个庞然大物，一时猜不透里面是什么东西，只好请了搬运工人把木箱搬回了家。他打开木箱，发现里面竟是一块大石头，另外还有一张便条。

海涅在便条上写着："亲爱的朋友，你的信收到了，得悉你健康、快乐的好消息，我心中的一块大石头就落了地。"

朋友对海涅的问候方式本已具有了很强的幽默感，但海涅竟青出于蓝而胜于蓝，在行动上模仿得更出色，也具有更强烈的幽默感。

不仅可以模仿别人做过的动作，而且我们还可以对自己已经做过的动作、已经做过的事情进行模仿，一而再、再而三地去做，在重复性的夸张动作中，给人幽默的感受。

有一天，萧伯纳去一家旧书店翻看降价书，无意中竟看到了他的一本剧作集，而且在这本书的扉页下面还有他的亲笔签名："乔治·萧伯纳敬赠"。

原来这本书是他送给一个朋友的，这个朋友竟把他的书当破烂卖掉了。

他毫不犹豫地买下了这本书，接着在题赠下面又加上一句："乔治·萧伯纳再次敬赠"，然后将它又寄给了那位朋友。

不知他的那位朋友接到书后会有什么感受，反正在我们看来总是有些啼笑皆非的。

一再重复地做某件事情，总是很滑稽的，比如卓别林电影中那个在机器面前不停地做着单一动作的工人形象，就给我们留下了这样的印象。机械化动作与现实的反差，就形成了深刻的幽默。

除了人的动作外，我们还可以模仿动物的动作，以体验其中的情趣，带来美好的生活享受。

小刘去动物园，看见猩猩会做人的动作，他觉得很好玩，于是就进行了一系列模仿。

他先向猩猩敬礼，猩猩就学着他的样子，也来向他敬礼；他又向猩猩作揖，猩猩学着作揖。他非常高兴，就向猩猩龇牙咧嘴地扒眼皮，不料猩猩不再模仿，而是伸出爪子，打了他一巴掌。

小刘很是生气，就去找饲养员询问究竟。饲养员告诉他说，扒眼皮在猩猩看来是很不礼貌的，因为它们认为，这是在骂它们又傻又笨，怎能不被它们痛击呢?

小刘听了，大喜过望。第二天，他又到动物园，准备向猩猩报复一下。他先向猩猩敬礼、作揖，猩猩都跟着模仿了。接着他又拿出一根大木棒，向自己头上打了一下，然后笑嘻嘻地把木棒交给了猩猩。

没想到猩猩不再模仿他的动作了，而是向他扒了扒眼皮。

在猩猩与小刘的相互模仿中，作为万物之灵的人居然吃了亏，这是多么幽默的事情啊。

通过对语言、行动的生动活泼而又富有情趣的模仿，巧妙地进行了顺水推舟的发挥，增强了幽默效果，带来了欢乐的气氛，并能有助于我们更出色地扮演好自己的生活角色，提升自己的工作质量和生活质量。

## 化苦为乐幽默法

人生在世，常有许多不如意的事情降临，令我们伤心、失望、痛苦、愤怒。还有天灾人祸、生老病死，也会在某一刻突然找上我们，令我们无可逃避。

在不利的处境中我们还能笑得出来吗？还能一如既往地说出幽默的语言吗？这对我们来说显然是一个十分严峻的考验。

在西方流传着这样的一个故事：有个人被送上了绞刑台，他看着眼前的绞绳，微笑着问了一句："这绳子会不会断啊？"

无独有偶，有我国也有这样的事例：有个人在刑场上，看着刽子手手中明晃晃的大刀，赞道："好快刀也！"

死到临头，尚且还有幽默的雅兴，他们的胸怀该是多么的宽广啊！

面对不利的处境，我们往往会被痛苦击倒，沉浸在苦难的深渊里不能自拔，幽默的语言早就抛到九霄云外去了。这样的表现显然是很不合适的，不仅于事无补，而且还会丧失许多扭转局面的大好时机。

化痛苦为欢乐，关键是要超越痛苦。只有超越了，才能把自己的注意力从眼前的事件中解脱出来，让思维活跃起来，把痛苦向荒诞、怪异的方向夸张，幽默的情趣就出现了，我们也就在苦难面前重新找回了欢笑。

## 把困境向荒诞的方向引申

愤怒、失望、痛苦、伤心等不良情绪都是与幽默相抵触的，如果我们被这些情绪所控制，思维就会僵化，全身心关注的只是那些令自己不安的事实，即使别人给我们讲笑话，我们往往也笑不出来。

在这种情况下，我们更要学会跳出眼前的困境，尝试着把困境向荒诞、怪异的方向引申，以得出一个带有一定虚幻色彩的结论，与眼前的事实形成对照，幽默的欢笑就又在我们身边活跃起来了。

小张走到一个商店门前，门口立着的一个美女内衣广告的纸牌恰巧被风吹倒了，砸在了他的身上。

商店老板看见了，连忙道歉："对不起，对不起。"

这时小张该怎么做呢？按我们的想法，是应该怒发冲冠地和老板理论，甚至还要老板赔偿自己的精神损失。

然而小张没有这么做，他只是笑着说："没有关系，反正我不管走到哪里，总有美女为我倾倒。”

他说得多么巧妙啊！他把美女广告牌砸向自己的事实进行引申，一直引申出了一种虚幻的色彩“美女向我倾倒”，幽默的情趣就完全展现出来了。

原有的困境就这样被摆脱了，双方都大笑起来，气氛和谐而欢乐。

我们在生活中陷入的困境大都是此类小事，不值得大动干戈地与别人争执、吵闹，如果采取了这样的幽默方式，把矛盾化解，化干戈为玉帛，不失为一条上策。

迈克到一个饭馆去吃饭，要了一份汤，忽然发现汤里有一只死蚊子，他就惊呼道：“服务员，服务员，请找四个人来。”

“要四个人干什么呢？”服务员不解地问。

“把我汤中的死蚊子抬出去啊！”迈克说道。

发现饭菜里有死蚊子，是不是要与服务员吵一架呢？显然没有必要，迈克的做法不是比吵架更有效吗？

迈克使用了无限夸张的手法，竟要四个人来抬那只死蚊子，显得十分荒谬，造成了很强的幽默效果，同时也使服务员认识到了自己的失误，向他道了歉，重换了饭菜。

再来看这样一段对话：

妻子：“难道你的舌头被狗吃了，怎么半天不说一句话？”

丈夫：“不，我的舌头没被狗吃。”

妻子：“那么，我问你怎么不说话？”

丈夫：“我把舌头钉在牙床上了。”

丈夫不回答妻子的话，却故意找出了一条荒谬的理由，说自己的舌头钉在了牙床上，引申得十分出格，幽默感就有了。

在通常情况下，突然陷入不利的困境中，我们的直接反应就是要么攻击别人，要么苦恼自己。要让自己幽默起来，并让别人也跟着笑起来，确实是很不容易的。

尝试着用这种策略改变一下吧，你会发现生活中的阳光会更多，你对自己人生的把握能力也会更强。

## 运用反向思维，寻找能令自己安慰的因素

有时我们面临的不幸是相当严重的，感受到的是极大的悲哀、愤恨、绝望，心灵的创伤久久难以愈合，要想让自己寻找到幽默并变得欢乐起来，就显得难度更大。

在生命的最后一息，尚且有不少人留下了幽默的妙语，和他们对照，人世间的不幸又算得了什么？

睁大眼睛关注不幸的事实，你就会发现在不幸里我们总能挖掘出足以令自己安慰的因素，而这些就足以使我们重新笑起来了。

西奥多·罗斯福是美国第26位总统（1858～1919年），在他未当选总统之前，有一次他家被偷去许多东西。他的朋友写信安慰他说："身外之物不足惜，人身平安最可贵。"

他立刻给朋友回信说："谢谢你来信安慰我，我现在很平安。感激上帝，因为：第一，贼偷去的是我的东西，而没有伤害我的生命。第二，贼只偷去我部分东西，而不是全部。第三，最值得庆幸的是，做贼的是他，而不是我。"

家里失窃是不幸，但既已发生了，一味地痛苦也不是办法，罗斯福的态度不失为最明智的策略。从不幸里他竟然发现了幸运的因素，有了这些，他完全可以继续生存下去，发展下去。

瞧，他最终不是当上总统了吗？还有什么办法能比他的更高明呢？

从不幸里发现幸运的因素，不仅仅是为了给自己以安慰，更重要的是让自己从极度不利的阴影中尽快走出来，重新过上健康、快乐的生活，并以积极乐观的心态，在人生路上去争取更大的成功。

清代著名书画家郑板桥年轻时家里很穷。一天，郑板桥躺在床上，忽见窗纸上映出一个鬼鬼祟祟的人影，郑板桥想一定是小偷光

临了，便高声吟起诗来：

大风起兮月正昏，有劳君子到寒门！

诗书腹内藏千卷，钱串床头没半根。

小偷听了，转身就溜。

郑板桥又吟出两句诗：

夜深费你慢慢行，收拾雄心重做人。

这则“郑板桥送贼”的故事与上例有异曲同工之妙，郑板桥正是凭着“诗书腹内藏万卷”的过人才识，在寒酸的处境中自得其乐，磨炼了自己的高贵品质。

在不幸面前消极悲观是正常的，从中发现能令自己安慰的因素并振作起来，却是很不容易的。我们不仅要有博大的胸怀，还要具备反向思维的能力，善于挖掘不幸后面隐藏的幸运因素，即使是十分牵强的，也无所谓，也一样能营造幽默的情趣。

请看下面的三则对话，感受一下苦中作乐的幽默情趣。

(1) 父亲：孩子，你应该娶一个聪明又贤惠的妻子。

儿子：那又怎样？

父亲：你会得到幸福。

儿子：如果我娶到一个像妈妈那样的呢？

父亲：你将会成为咱家的第二个哲学家。

(2) 迈克：只要我妻子吵架，她就成了历史学家。

约翰：怎么回事？

迈克：她揭我的老底。

(3) 医生：你的健康糟糕透了，肾里有石头！

农夫：那么，明年我家盖新房，就不用花钱买石头了。

这三则对话中的人物都遇到了自己的不幸，他们都巧妙地从中挖掘出了可以安慰自己的因素，以便使自己开心起来。当然，由于他们所找到的幸运因素都十分牵强，而且对改变他们的处境并无任何任用，因此实际的效果只是博得自己幽默一笑罢了。

在不幸面前还能够幽默地笑出来，就足以证明我们是个积极乐观的人。拥有了这样的人生态度，我们还会被什么样的艰难困苦吓倒呢？因此从这个意义上说，能够苦中作乐，同样是一种人生的大境界。

## 把不良情绪消解在其他事情上

在极度痛苦的困境面前人们往往无法解脱出来，这是相当正常的事情，原因很简单，现实的过于严峻使我们无法把它们轻易忘却，这是人的天性所在。而幽默却恰恰要求我们把眼前的困境抛到脑后，装作视而不见。

虽说幽默的忘却具有假定性的特征，但仍旧难度很大。在不良情绪无法排遣的情况下，我们可以尝试着把注意力转移到别的事情上，使情绪得以转移，眼前的痛苦就会被冲淡了。

著名物理学家富兰克林在用鸡做电流的实验时，不小心让电流接触到了自己的身躯，立即昏迷了过去。

醒来后，富兰克林说："好家伙，我本想弄死一只火鸡，结果却差点电死一个傻瓜。"

差点丢掉生命，这种不幸是灾难性的，但富兰克林却还能用自嘲的口气来幽默。似乎"差点电死"的不是他本人，而是另一个毫不相干的"傻瓜"，他把自己的不良情绪转移了，心情照样开朗。

转移痛苦，消解不良情绪，还能带来幽默的享受。这种做法有"顾左右而言他"的意味，眼前的不幸是实在的，而话中的含义却是虚无的，对比之下，反差很大，幽默感就油然而生。

美国著名影星盖博因为在电影《飘》中的出色表演而家喻户晓。

有一个记者问他："你是如何表演出情人热恋时那种强烈的渴望之情的？"

盖博回答说："在生活中你最渴望得到的是什么？在你脑中竭力想象它吧！当时，我饥饿万分，于是就在脑海中想象一块鲜嫩、美味扑鼻的牛排。这种办法还真灵咧！由此，我竟意外地成功了。”

用转移情绪的办法，通过想象竟意外地获得了事业的成功，这是多么有趣的事实啊。而把风马牛不相及的两件事情放在了一起，幽默的意味又是何等的浓厚啊！

美国女喜剧演员卡罗尔·伯内特曾有过这样一段经历。

有一天她乘出租车外出，到了目的地后，她跨出车门，不小心大衣后摆被车门夹住了。司机没有察觉，踩动油门，出租车徐徐前行，伯内特不得不跟着跑起来。

路上行人见此情景，赶忙拦住了车。司机停下车帮伯内特取下衣服，不好意思地说道：“对不起，没事吧？”

伯内特气喘吁吁地说：“还可以，可是我还要再付多少车费给你呢？”

差点被汽车拖倒，这种不幸够大的了，但伯内特却丝毫没有恼怒，她似乎完全忘记了这是不幸，居然还傻乎乎地问“要再付多少车费”。

她真有那么傻吗？不是的。她轻易地超越了眼前的困境，转移了自己的情绪，才用故作蠢言的方式，说出了如此幽默的语言。

能够苦中作乐，善于忍痛作趣，才能在每时每刻都欢笑，才能成为一个真正的幽默家。

## 谬论幽默法

“自相矛盾”的故事是我们都很熟悉的，讲的是古时候有一个人在街头卖兵器，他先夸自己的矛特别锋利，任何物体都能刺穿，接着又夸自己的盾特别坚固，任何锋刃都无法把它刺透。

听了他的话，有人就问他："那么如果用你的矛刺你的盾，结果会怎样呢？"

那人无话可说了。

自相矛盾，自己说出的话相互打架，就成了谬论，就像一张纸经不起别人轻轻一戳。

善于幽默的人也是非常会制造谬论的，不过他们的谬论在我们听来，却有几分的可笑和可爱，挺招人喜欢。

国家研究院院士在法国是一种荣誉，也是一种崇高的地位。哲学家马伯利学识渊博，声望很高，很多人都好心地劝他去竞争院士。

马伯利拒绝了他们的好意，他说："我是不会干这种事的。如果我当上了，就会有人在背后议论，说他怎么当上了；如果我不能当选，就会有更多人议论说，他怎么没当上？两相比较，还是后一种议论好听些啊。"

从马伯利的话里，我们得出结论，他是一个视名利如粪土的高雅之士，所以他才会对很容易到手的院士头衔不屑一顾，但有趣的是，他却为自己找到了一个可笑的理由——"怕人议论"，而且他居然还比较了两种议论的优劣，来推托别人的好意。

按照正常的逻辑来看，他的这番理由是相当荒谬的，但听在我们的耳里，又觉得他是那么的清高，令我们油然而生敬意。

煞有介事地摆出一套可笑的观点，和我们的惯有思维形成强烈的对照，于是幽默就产生了，高雅的情趣也呼之欲出了。

## 荒唐的人做荒唐的事

在生活中，有一些人是很荒唐的，他们由于这样那样的原因，常常做出一些荒唐的事情，令人啼笑皆非，给我们带来了幽默的感受。

有这么一则幽默故事是讽刺那些只会死读书、实际却一无所获的书呆子的：古时候有两个秀才科考失利，只好失望地结伴回家。走到一座城池外，看到城墙垛口高低不平，两人顿时诗兴大发，其中一个吟出一句："远看城墙锯锯齿。"

另一个秀才听了，立刻摇头晃脑地接了一句："近看城墙齿齿锯。"吟完，两人不由得连声感慨，痛哭起来："天啊，以我们这样的高才，居然不能高中，考官们真是瞎了眼……"

两人正哭得天昏地暗，有一个农夫赶着马车正好从他们旁边经过。农夫问明缘由，又听了两人吟的诗句，就蹲下身子，也大哭起来。

两个秀才一见，非常感动，想人家与自己素昧平生，竟然对自己给予如此同情，真是太难得了，自己还有什么好伤心的呢？

两人连忙上前劝解，就听农夫边哭边说："老天不公啊，我的地贫得种不下庄稼，急得到处找肥料，可眼看着你们两人装满一肚子的臭屎，我却没办法掏出来。"

看到此处，我们怎能不为故事中三人的荒唐而大笑不止呢。从两个秀才吟的诗中我们可以看出，他们实际上都是大草包，书算是白念了，科举落榜正是他们的必然结局。但荒唐的是，他们偏偏自我感觉良好，误认为自己是天下少有的奇才。农夫一眼看出了他们的草包面目，讽刺他们肚中装满了臭屎，却又想出了用这些臭屎给自己的地做肥料的荒唐主意，而更为荒唐的是，农夫还为这个主意无法实现而大哭起来。

我们都知道，这样荒唐的事情是不可能在生活中发生的，但苦读一世、一无所得的书呆子在生活中却是经常见到的，于是就故意把这种现象向荒谬的方向进一步发展，使这些人的荒唐在幽默中显得更彻底，荒唐到我们都无法容忍的地步，才能促使这些人尽快清醒过来，走上正常的生活轨道。

再看一个类似的例子：

有个农学院的学生毕业了，兴高采烈地回到家乡，正看见伯伯在果园里移植果树。

于是他就故意卖弄自己的才学，告诫伯伯说："你没有看过书上是怎么讲的吗，这样移植是很不科学的。照这样干下去，如果这棵树能结五个苹果，我就会大吃一惊的。"

伯伯像看一个外星人似地看着他，然后说道："吃惊的不光是你，还会有我呢，因为这是一棵桃树。"

农学院的毕业生居然分不清苹果树和桃树，却要以专家的面目去对果农指手画脚，这是多么荒唐的事情啊。幽默就此产生，我们想不笑都不可能了。

## 故意制造荒谬的推论

张三正在家里忙得不可开交，李四来访。张三就命自己的仆人出去挡驾，称张三不在。李四不相信，但还是失望地回去了。

第二天，张三到李四家去拜访，李四走出门来，对张三说："我今天不在家，请你改天再来吧。"

张三很不高兴，说："你怎么能这样呢？是不是不欢迎我啊？"

李四说："你这人真不通情理，昨天你仆人说的话我都相信了，现在你居然连我亲口说的话也不相信！"

瞧，李四的话够荒谬的吧！明明站在面前，居然还愣说自己不在，同时还为自己不在家找出了充足的理由，而这个理由又是多么的荒唐啊，使我们忍不住想笑起来。

在这里，李四运用了这样的逻辑推理：因为本人亲口说的话必定比别人转述的话更可靠，所以昨天我相信了你仆人的话，今天你就应该相信我亲口说的话。这样的逻辑正确吗？

仅从逻辑学的角度讲，这样的推论是行得通的，但是他却有意忽略了一个重要前提，就是他所提出的前提条件并没有涵盖所有的原因，恰恰漏掉了“自己有意当面撒谎”这个因素，就形成了逻辑上的荒谬。

荒谬的逻辑与活生生的事实形成了强烈对照，造成了幽默的效果。

有一个教授一向很健忘，下课了，他突然发现了一个问题，就问：“我的鞋哪去了？”

学生们忙替他找鞋，其中一个学生眼尖，叫了起来：“鞋在你的脚上呢。”

教授低头一看，不由得笑了起来：“太好了，幸亏你看见了，要不然我就得光着脚回家了。”

教授的逻辑在我们看来同样是荒谬的。骑着毛驴找驴，东西拿在手上还在到处找，这样的荒唐事情我们也都曾经做过，但被人提醒之后，为了消除自己的尴尬，教授就故意进行了荒谬的推理，以“找不到鞋就得光脚回家”来引发大家的笑声。

再举一个关于逻辑学的幽默：爱因斯坦是大科学家，学生们常向他提出一些很不易回答的问题。这天，有个学生专程来向他请教，问逻辑学到底有什么用。

爱因斯坦先不回答他的问题，而是先向他发问：“你想想看，如果有两个人从烟囱里爬了出去，其中一个满脸烟灰，另外一个却干干净净，你认为哪一个人会去洗澡？”

学生不假思索地回答：“当然是脏的那个人了。”

爱因斯坦摇了摇头：“错了，那个脏的人看见对方那么干净，就会以为自己也是干净的，怎么还会洗澡去呢？”

学生明白了：“哦，这样说来，应该是干净的那个人去洗澡了。”

爱因斯坦又一次摇了摇头：“还是不对，请想一下，两个人都从同样的烟囱里爬了出来，怎么可能一个人干净、一个人脏呢？”

学生一下子愣住了，百思不解地望着爱因斯坦。

爱因斯坦加重了语气，笑着说：“这下你明白了吧，这就是逻辑学的用处。”

从这段对话中，我们就能发现荒谬的逻辑在幽默中具有怎么样的妙用了。善于把生活中的现象进行荒唐的联系，再加以貌似正确的推论，以得出一个与事实相差很远的结论，怎能不让人体会到幽默的乐趣呢？

## 没理的时候强词夺理

在课堂上，物理老师问学生："打雷的时候，闪电和雷声同时发出，为什么我们却先看到闪电，后听到雷声？"

学生一下子懵住了，这个问题他可不会回答，这可怎么办呢？他灵机一动，突然想出了一个答案，就回答道："因为我们的眼睛都长在耳朵的前边。"

这样的回答自然是错误的，但却具有了幽默的效果，使我们会意地笑起来。

在自己不知道如何回答的时候，或是在自己完全不占理的情况下，想出一个明显错误的理由来回答，就能逗得大家哈哈大笑，那么自己的困境就会扭转了。

有两个人外出游玩，他们走了很远的路，刚坐下来，就看见有一只蜗牛向他们爬了过来，很快爬到了他们面前。

其中一个人看着不顺眼，就伸脚把那只蜗牛踩死了。

另一个人就问："干嘛踩死它？它招你惹你了吗？"

那人说："当然招惹我了。这只蜗牛整整跟了我一个早上，要多烦人就有多烦人。"

这样的回答明显是在强词夺理，因为以蜗牛的爬行速度，是绝不可能跟随他一早上的，由于他的话与事实有了强烈的反差，于是我们就产生了幽默的感受。

强词夺理，故意制造谬论，展现生活中荒唐的人与事，就会造成无理的情趣，把强烈的幽默效果带给我们。

# 歪解幽默法

歪解表面看来是胡说八道，但却具有它自身的逻辑，都是在对方原有意思的基础上，抓住其中的几个词来引出歧义，新引出的意思与原意风马牛不相及，才会形成幽默。

在交谈中，别人说的话都有特定的含义，如果我们故意对他们所要表达的意思视而不见，而随心所欲地进行歪曲解释，就会产生幽默的效果，使人会意地笑起来。

有学生问老师说："老师，你能给我们讲讲，什么是赤壁之战吗？"

老师回答说："赤臂嘛，就是光着膀子，赤壁之战，自然就是光着膀子打仗了。"

这就是一个典型的歪解事例。当然，老师是不可能如此糊涂的，居然连赤壁之战都不知道。之所以会把"赤壁"解释成"光着膀子"，完全是为了造成幽默的效果。

一本正经地按原有意思去理解，是对客观事物的真实再现，是不可能取得幽默的效果的。而有意进行歪曲的理解和解释，使原意具有了它本不包含的其他意思，与原意形成了很强的反差，大大出乎所有人的意料，幽默就产生了，我们就会被逗笑了。

这种歪解表面看来是胡说八道，但却具有它自身的逻辑，都是在对方原有意思的基础上，抓住其中的几个词来引出歧义，新引出的意思与原意风马牛不相及，才会形成幽默。

一旦进行了歪解，就会打断原有的讲话进程，使气氛得以活跃，话题也有可能发生很大的转变。因此在使用这种方法时一定要注意当时的气氛，万万不可在严肃、庄重的场合也来歪解一通，破坏了正常的工作进程，带来不必要的麻烦。

## 寻找原意中的歧义

在和别人谈话时，如果发现对方所说的话中还包含有不易察觉的歧义，那么我们只要把这个歧义揭示出来，让大家一目了然，就会让幽默来到我们身边了。

事实上，由于汉语语言的表达力非常强，内涵是无比丰富的，因此只要我们用心留意别人说的每一句话，就会发现几乎所有的话中都包含着多层意思，当然这多层意思里有多半都是对原意的歪解。

正是有了这个基础，我们歪解原意、制造幽默才有了可能，于是又一种幽默的策略就在我们身边活跃起来了。

医生安慰病人说："老天爷是很公平的，总会让人在失去一样东西的时候，再在另一方面得以补偿，比如有人瞎了一只眼睛，那么他的另一只眼睛必定特别敏锐；如果有人聋了一只耳朵，那么他的另一只耳朵就会听力更佳……"

病人回答说："你说得很有道理，我发现有一个人的左腿比右腿长得短些，接着又发现他的右腿比左腿长得长些，老天爷真是公平啊。"

医生的原意是说有所失就会有所得，在某方面有所欠缺，就会在另一方面有所补偿；但病人的理解却不具备这种意思，他所列举的腿长腿短的事例，只是客观存在的事实，不存在相互补偿的现象，因此是对原意的歪曲理解。

不过这种歪曲理解却与原意有比较密切的关系，就是说，原意中确实还包含有这种歧义，只不过原意并不作这样的理解，而幽默者却故意采用了歧义，使歧义突现出来，具有了出奇制胜的效果。

有一个书生娶了个笨老婆，老婆见来了客人，总不知如何招待，于是书生就吩咐她好好跟着自己学。

这天有个客人来访，书生就问："先生贵姓？"

客人说："姓张。"

书生再问："是弓长张还是立早章？"

客人答："弓长张。"

书生的老婆就把这几句话牢记在心。

第二天，又有客人来访，碰巧书生不在家，书生的老婆只好出来接待。她按照昨天书生的接待方式，问道："先生贵姓？"

客人说："姓李。"

老婆再问："是弓长李还是立早李？"

客人不高兴了："岂有此李（理）！"

老婆对书生待客的理解是机械的、死板的，她不知道"张"是由"弓长"合成的，"章"是由"立早"合成的，因此她就问出了"弓长李、立早李"之类的笑话，而客人呢，也是很会从原意中发现歧义的，他说的"岂有此李"中包含着"岂有此理"的意思，可以说是绝妙的幽默讽刺。

只要我们反应敏捷，脑子灵活，就能很快从别人的话中发现歧义，来制造幽默的笑声，给我们的生活增添情趣。

## 引申原意，使其显出荒谬之处

原意并不荒谬，在原话所包含的意思中也难以发现更有趣的歧义，那么我们就可以在原意的基础上加以引申，突现一定的荒谬意义，与原意形成鲜明的对照，让幽默不期而至。

学校组织春游，在一个风景区里，中学生们玩得兴高采烈。由于男女生的兴趣很不相同，所以他们总是分开来玩。女学生们穿着游泳衣在阳光下走来走去，显示自己的身材。而男学生们则卷起裤子，跳到河里捉鱼去了。

有两个男老师坐在一块大石头上看着这一切。其中的一个老师感叹说：“我都记不得自己上中学时是怎么样的了，不知道我念中学时，女孩子有没有这么成熟。”

另一个老师毫无疑义地说：“当然有了，只不过你当时在忙着捉小鱼罢了。”

男生捉小鱼，女生在游泳，这样的生活场景本身并不荒谬，是习以为常的，那个大发感慨的男教师的话中也很难找到有趣的歧义，于是善于幽默的另一位教师就有意把这种生活场景加以引申，把它搬到数十年前，与男教师当年的春游生活形成对照，以呈现一定的荒谬色彩，一个小幽默就形成了。

还有一种现象，就是所要表达的意思并不荒谬，也并不显得多么有趣，但为了具有幽默效果，就特意把这样的意思分开来说，使前后所表达的意思形成对照。在别人听来，就会先产生误解，然后再得知原委，恍然大悟之余，笑声就产生了。

在我国五代时期，有两个大臣，一个叫冯道，另一个叫和凝，其中冯道的性子很慢，而和凝则是一副急脾气。

这天，和凝看见冯道脚上穿了一双新靴子，就问花了多少钱。冯道慢腾腾地抬起一只脚，说：“九百文。”

和凝听了，非常生气，回身就骂自己的仆人：“你替我买的那双靴子，为什么花了一千八，贵了一倍？”

看见和凝怒发冲冠的样子，冯道还是不紧不慢，又抬起另一只脚，慢条斯理地说：“你急什么嘛，这只靴子也是九百文。”

两个性子不同的人凑在一起，常常是会闹出一些笑话的，这个故事就是一个最好的例证。如果冯道直截了当地讲出靴子的价钱，就不具有幽默感，而他故意把这层意思分开来说，先使和凝产生误解，最后再揭出谜底，与本来要表达的意思形成有趣的对照，一种荒谬的幽默效果就出现了。

对原意进行歪曲解释的方法是很多的，只要我们胸怀幽默，对生活善于发现，那么就会更灵活地运用这种方法，给自己、给他人带来更多的笑声。

## 从反面寻找根据

反面寻找根据，就能达到正话反说的幽默效果，使听众在轻松的气氛中接受我们所要表达的意思。

在生活中我们常常发现，面对一个问题，如果从正面给予回答，往往是很不容易的，就是能回答得出来，结果也是索然无味的。于是智慧的幽默人士就有意绕开正面，而选择了从反面或是侧面来回答的方式，回答得很机智，又很有情趣。

小陈家的房子又破又旧，天一下雨就漏个不停。他向有关部门多次反映，请求给予修缮，但总是得不到答复。

这天，这个部门的领导前来视察，想起了他的事情，就关心地问他房子现在怎么样，是不是还经常漏水。

小陈只是微微一笑，答道："还好，不是经常漏水，只有下雨的时候才漏。"

领导一听，顿时大笑起来。第二天，修缮房子的工人就上门了。

小陈的回答就有意绕开了正面，而选择了从反面来回答的巧妙方式，不直接抱怨房子漏水的客观现实，而说成"只有下雨时才漏"，表面上看是一种轻松的庆幸，实际上仍旧是在反映自己房子的问题。

从反面寻找根据，就能达到正话反说的幽默效果，使听众在轻松的气氛中接受我们所要表达的意思。如果所要说的话比较尖锐，容易得罪对方，我们就更应该选择这种说话方式，使对方在欢快的笑声中接受我们的观点。

## 从另一个角度想问题

一般人的思维习惯总是直来直去的，看到什么事情，就会必然地想到与此有关的一些因果关系，于是就会摆事实、讲道理，把自己的看法讲出来。这样一来，我们要讲的事实与道理都是显而易见的，别人也能看得清清楚楚，我们多费口舌，往往是多此一举，显得既啰唆又乏味。

为了使自己的讲话更吸引人，我们就必须学会从另一个角度来想问题，去发现别人没有发现的东西，讲出一些新鲜的话题。如果我们经常这样做，就能使我们的思维保持高度活跃，还能使我们更轻易地从当前的事物中找出一些反面根据，在谈话中机智地发挥出来，造成幽默的效果，带来幽默的笑声。

有个酒鬼饮酒过量，不得不住院治疗。医生为了说服他戒酒，就给他做了一个小实验。医生找来两条小虫，一条放在一个装着酒的瓶子里，另一条放在一个装着水的瓶子里。

过了一会儿，那条放在酒里的小虫就死了，而放在水里的那条还在不停地挣扎。

医生就对酒鬼说："看见了吧，经常饮酒的下场就是这样的。"

酒鬼听了，高兴地说："我知道了，经常喝酒，人的肚子里就不会长小虫子。"

医生的本意是在讲经常饮酒的害处，那个小实验能很好地支持医生的观点，但酒鬼却偏偏从里面找出了相反的根据，并进而得出了相反的结论。酒鬼的观点是"酒喝得多，肚子里的小虫子就会被消灭了"，却完全不去理会自己的身体也会受到更加严重的损害。

这样的根据是实在的，但这样的观点却是可笑的、荒唐的，因为他是故意从相反的角度来看问题的，于是就会得出完全相反的结论了。

老郝有一个脾气很大的老婆，经常向他发脾气。后来他向朋友借了一支猎枪放在家里，只要老婆一发脾气，他就一声不吭地拿起猎枪，认真地擦着。老婆一见，顿时脸色大变，再也不敢吵闹下去了。

朋友听说了，不由得大为惊奇，想不到一向老实巴交的老郝还有用猎枪威胁老婆的胆量，就问他："几天不见，你的胆量大多了嘛，怎么，连老婆都敢杀？"

老郝显得十分得意，说道："你想到哪里去了，她是怕我自杀。"

等到老郝把谜底揭穿，我们才发现，真正的原因和我们的理解竟是完全相反的。老郝是怕老婆的，就是在猎枪在手的情况下，也是不敢拿去对付老婆，只能拿自杀来威胁老婆，不过却同样达到了目的，倒也让我们大开眼界，为这样大的反差而大笑起来。

有一个男子慌慌张张地跑进警察局去自首，他向警察说："警察同志，求求你了，赶快把我关进牢里吧。"

警察忙问："你干了什么坏事？"

那男子回答说："刚才我喝酒喝醉了，拿了根棍子去打蚊子，谁知头晕眼花，竟打在我老婆的头上。"

警察大吃一惊："这么说，你把她打死了？"

那男子更加惊慌，说道："没有，没有，但坏就坏在这里，所以你要救救我，赶快把我关起来。"

并没打死人，却跑去警察局自首，还要警察把他关起来，够离奇的吧。但从另一个角度来解释，一切都是顺理成章的了。原来这也是一个怕老婆的故事，害怕遭到老婆的还击，就宁肯自投监狱。

只有善于从另一个角度去想问题，我们才能在生活中发现更多的乐趣。

## 从正面的原因推导出反面的结果

当前的事实是正面的，从这个正面的原因我们能轻易地推导出正面的结果，这并没有什么稀奇，也不会带来幽默的笑声。而幽默要做的却恰恰相反，它能从正面的原因推导出反面的结果，令人大跌眼镜，不能不惊呼它的神奇和可笑。

有一个人要去医院，可是他却不认识路，就向别人打听。他问："请问，怎样走才能走到医院呢？"

那人回答说："很简单，只要你闭上眼睛，走到马路对面去，要不了十分钟，你就会发现自己在医院里出现了。"

这个回答就是从反面来说的，意思是只要你出了车祸，保证能被送到医院去。虽说是从正面的问题里引出的反面的答案，却也完整地回答了问题，而且还造成了幽默的效果。

一个男子打来了火警电话，声音显得非常惊慌。消防队的接线员忙问："火灾现场在什么地方？"

那男子说："在我家！"

接线员又问："我是问失火的地点到底在哪里？"

那男子显得更加惊慌："在厨房里！"

接线员只得换了个问法："你能告诉我，我们怎样才能到达你家吗？"

那男子火了，在电话里吼道："你们不是有救火车吗？"

报火警的男子无论如何都不能把自己的住址说清，相反他却认为消防队在故意推托，就对接线员的问题给出了一个完全相反的答案："只要乘救火车就能到达他的家里。"

舅舅到明明家里来做客，明明却吵闹着要出去："妈妈，我要去动物园看猴子。"

妈妈生气了，就训斥明明道："看什么猴子？你舅舅在这儿坐着，你竟然还要去动物园!”

妈妈的本意是要明明在家里接待舅舅，但我们只要向反面一推导，就会得出一个可笑的结论：“舅舅是猴子，你不用去动物园了，你就在这里看个够吧。”

以上这些事例都是从正面的事实中，巧妙地推导出了反面的结论，制造了一种没有道理的道理，让我们在惊奇之余，不由得幽默地大笑起来。

## 从正面的结果逆推出反面的原因

凡事都是先有因、再有果，一定的原因就能造成一定的结果。当结果已经出现时，我们往往就想从中探究出原因。从结果中逆推出原因，是我们在生活中常做的事情，于是幽默就自然地渗透进来，在这个过程中和我们开起了玩笑。

有两个好朋友发生了矛盾，张三指责李四说：“你真是个笨蛋!”

李四说：“我承认我确实是笨，但原因何在呢？是因为我做了你的朋友，我才变成笨蛋呢，还是因为我是笨蛋才选择了你做朋友?”

李四的反击是相当有力的，他先承认“自己是笨蛋”这个结果，然后逆推出原因，只不过他所列举的两种原因都是指责张三的，与张三本来的结论完全相反，令张三无力反驳。

有两个邻居带着各自的小狗在聊天。张太太吹嘘说：“我家的小狗可聪明呢，昨天它在家里看报纸哩。”

李太太不甘示弱，接上去说：“我早知道了，我家的小狗昨天从你家回来，已经告诉我了，它说它还朗诵了一首诗呢。”

显然这两位太太是在相互吹牛，张太太夸自己的狗聪明，李太太就从她所讲的事实中逆推出去，竟找到了更离奇的原因，来为自己的小狗吹嘘。

气象台预报今天下雨的概率是百分之七十五，小赵觉得很不可思议，就打电话去问这个概率是怎么计算出来的。

气象台回答说："我们这里有四个人，大家讨论的时候，其中有三个认为会下雨。"

在我们看来，气象台的预报是有科学根据的，但在这个幽默里，我们发现从结果逆推出的原因却是可笑而荒唐的。

从正面的结果里居然找到了反面的原因、可笑的原因、荒唐的原因，与当前我们所看到的活生生的事实形成了强烈的反差，我们就会开口大笑，欢声雷动了。

从反面寻找根据，是幽默的惯用方法之一，只要我们的思维不拘一格，善于突破常规，就能把这个方法运用得更灵活，更有成效，幽默的妙语就会常常挂在我们的嘴边了。

## 装傻幽默法

在生活中有不少人总想显示自己的聪明，觉得自己在某一方面超过了别人，就是自己的成就，就高人一等，自命不凡。但幽默的人却往往会采取相反的做法，他们会故意装得很傻，说出一些愚蠢的话，逗得大家大笑起来。

只有笑过之后，我们才发现，那些自命不凡的人往往很愚蠢，而那些有意装傻的幽默者却反而具有高人一等的智慧。

对那些深藏不露而又身怀绝艺的人，我们常用"大智若愚"一词来赞美他们。高明的幽默者恰恰就是这样的人，正是因为他们具有高人一等的智慧，才会看穿世俗的名利诱惑，而把自己的注意力放在了人生的情趣上，于是创造幽默、享受幽默就成了他们的首选。

卓别林是享誉世界的喜剧大师，有一次，他去参加一个聚会，看见有一只苍蝇在他身边飞来飞去，他就要来苍蝇拍，想把苍蝇打死。

卓别林连打几下，都没打住苍蝇，苍蝇飞走了。过了一会儿，苍蝇又飞了过来，正落在离他不远的地方。

卓别林举起苍蝇拍，正要把它一下打死，却忽然停了下来。他把苍蝇端详了一会儿，就把苍蝇拍放下了。

大家都觉得非常奇怪，卓别林说："这只苍蝇不是刚才缠着我的那一只。"

话刚说完，大家都捧腹大笑起来。

这就是装傻带来的幽默效果。由于这副傻相是故意装出来的，与本人平日的智慧形成了强烈对比，因此大家都会感受到他的幽默。

这种幽默方法的要点就在"装"上，表面上要装得很愚蠢，但又要使别人知道你是在"装"，才会有幽默感。试想，如果把同样的事情放在一个真正的傻瓜身上，还会有这么强烈的幽默效果吗？

因此，我们必须要注意，装傻并非真傻，如果在幽默的过程中，我们表现不当，净冒"傻气"，使别人误认为我们是傻瓜，那就弄巧成拙、得不偿失了。

## 让傻人傻事做幽默的主角

在古今中外的幽默故事中，有相当一些主角都是"傻气"十足的傻瓜，为什么他们会如此地受到青睐？原因很简单，就是他们的表现异常笨拙，他们的思维与正常人很不一致，才闹出了许多笑话。

但是我们都清楚，编写这些故事的人和宣讲这些故事的人都是思维十分敏锐、智慧绝对高超的正常人，因此我们才会在他们的讲述中，领略到他们幽默的魅力，纵声大笑起来。

如果真有一个傻瓜把故事中的事情在我们面前重现，那么给我们的感受就会截然不同，幽默感就会荡然无存。面对他们，我们只会心怀怜悯，哪还会有笑的雅致？

正是由于这个原因，我们才能断言，真正的傻人傻事并不能给我们营造幽默的氛围。令我们感受到无限乐趣的，只能是那些以傻人傻事为表现题材的幽默故事和笑话。

以下是几个这样的事例：

从前有一个秀才，他的儿子很傻，使他很伤脑筋。但他又怕丢人，不愿张扬出去，当朋友来访的时候，他还有意要傻儿子出来招待客人，以显示自己，给自己露脸。

为了防止儿子说错话，他提前给儿子教了几句话，千叮咛万嘱咐，要儿子记住："如果客人问你咱们家的桃树怎么不见了，你就说'让我砍了卖了'；如果他问你咱们家的篱笆为什么这么东倒西歪的，你就说'兵荒马乱糟蹋了'；如果他问你咱家怎么会这么有钱，你就说'爹妈辛苦挣的'；如果他问你怎么这样聪明，你就说'那当然，我们家世代如此'。"

儿子把这些话反复记了多遍，终于记熟了。第二天，客人来了，儿子就去招待。

客人问："你的父亲哪去了？"

儿子说："让我砍了卖了！"

客人很是吃惊，接着又问："你母亲呢？"儿子说："兵荒马乱糟蹋了！"

客人惊得目瞪口呆，停了一会儿，又问："你们家门前的牛粪怎么这么多呀？"

儿子顿时骄傲起来："爹妈辛辛苦苦挣的！"

客人生气了，责备道："你怎么能这样说话！"

儿子把父亲交代的话都说得很流利，就更加得意，大声说：

“那当然，我们家世代如此！”

这些驴唇不对马嘴的对话能让我们笑掉大牙，可见十足的傻瓜不论怎么样教，都是免不了要办傻事的。

这样的故事还常常出现在精神病人的身上。请看：

在一家精神病医院中，有一个病人正在认真地写信，护士觉得很好奇，真没想到这样的病人还会给人写信。

护士就问他：“你这是写给谁啊？”

病人头也不抬地说：“写给我自己。”

护士更好奇了：“那么你都在信上写了些什么呢？”

病人顿时不耐烦了：“你是神经病啊！信我还没收到，我怎么知道呢？”

精神病人的回答不也显得傻气十足吗？但他却运用了正常的逻辑“没收到信，怎能知道信的内容”，从而与我们的现实生活形成可笑的对照，给了我们无限的乐趣。

## 向傻瓜学习，故作蠢事

傻人傻事能给我们带来幽默的享受，那些大智若愚的幽默者就从中受到启发，故意模仿傻瓜们的言行，说一些蠢话，做一些蠢事，以营造幽默的氛围。

有两个人喝得醉醺醺的，相互搀扶着在铁轨上走。

一个醉汉抱怨说：“这楼梯怎么没完没了，总是走不完！”

另一个醉汉更加不满地说：“造它的人太偷工减料了，扶手竟然这么低，扶都扶不住。”

醉汉竟然把铁轨看成了楼梯，还大发牢骚，这样的蠢事是多么荒唐啊，但幽默的效果却就此产生了。

有个男子看到自己的朋友穿了一双鳄鱼皮鞋，很是神气，就羡慕得不得了，想给自己也买一双。一打听，皮鞋的价钱相当昂贵，他太穷了，买不起。他灵机一动，想到自己身强力壮，何不去猎杀一只鳄鱼呢？

他说到做到，当真找到一个沼泽，跳了下去，奋不顾身地和一只鳄鱼搏斗了好半天，才把鳄鱼打死，又费了很大的力气，才把鳄鱼拖上岸。

看着面前的胜利果实，他竟然重重叹了一口气："想不到费了这么大劲，猎杀的这只鳄鱼竟然没穿鞋。"

鳄鱼皮鞋是用鳄鱼的皮制成的，这是个非常浅显的道理，而这个男子却故意忽视这个事实，感慨自己的运气不好，没在鳄鱼的脚上找到皮鞋，这是多么愚蠢的语言啊！但正是因为愚蠢，才营造了幽默的情趣。

有个城里人到了农村，在麦田里看见一头牛，竟然没长犄角，他觉得非常奇怪，就问农民："这头牛为什么不长犄角呢？"

农民看了他一眼，回答说："牛没有犄角，原因是很多的，有的是生下来就没有，有的是和别的牛顶角而撞掉了，有的则是生了一场大病，自己脱落了。"

城里人更好奇了："那么这头牛是怎么回事呢？"

农民说："你问这头嘛，它不长犄角，只是因为他是一头驴。"

城里人把驴认作了牛，农民却不直接给他指出来，而是故做蠢言，先列举了几种牛不长犄角的原因，最后再突然揭出谜底，与那些原因形成有趣的对照，使幽默感油然而生。

向傻瓜学习，在生活中故意制造一些蠢言蠢事，能给我们的生活增加许多情趣，只是千万要注意，不可做得太过分，以免别人把你当成真的傻瓜啊。

## 在不动声色里嘲笑到底

善于装傻的人在做那些蠢言蠢事时总是不动声色，无论周围人们的反应如何，他们总是按照自己预定的方案，坚持到底，把深刻的讽刺和嘲笑在不动声色里一直进行下去。

有一个男子去参加舞会，与一位小姐边跳舞、边聊天。

男子问："你结婚了吗？"

小姐说："还没有。"

男子又问："那你有孩子了吗？"

小姐顿时脸色大变，转身就走。男子一想，知道自己问错话了，他下定决心，以后再不能这样说话了。接着他又与另一位中年妇女一起跳舞，同样是边跳边聊。

男子问："你有孩子了吗？"

中年妇女说："有两个。"

男子又问："那你结婚了吗？"

此言一出，结局会是怎样，大家自然会想象得出来。

这个幽默小故事嘲笑的是那些说话不知分寸、没头没脑的蠢人，在生活中我们可以把它拿来教育那些胡言乱语、信口开河的人，在讲的时候要做到不动声色，把嘲笑的意味深藏不露，留给听众去领会。

在装傻的过程中要沉住气，始终保持不动声色的神态，就能增强幽默的效果。法国作家萨马·吉特里对卓别林的表演给予了很高评价，他说："卓别林使我们笑得热泪盈眶，他能使人不得不笑，他能使安格鲁人、撒克逊人、拉丁语系人、斯拉夫语系人、中国人、黑人以及老老少少的人都发笑，然而他的幽默并不是完善的，因为有一个人从来不笑，这个人就是卓别林本人。"

卓别林在幽默表演中"从来不笑"，正是他的高明之处。萨马·吉特里表面是在贬低卓别林，其实却是在发出自己由衷的赞赏，可见他对幽默同样是很有研究的，因此他这段话深谙幽默三昧，是名副其实的幽默语言。

我国古人对此早有认识。《半庵笑政》是古代一部研究笑的著作，书中指出的"笑忌"之一就是不能"先笑不已"。对自己所要讲出的幽默故事，越是装得不动声色，幽默的效果就越显著。

再比如：

大仲马到俄国去旅行，决定去参观当地一家最大的书店。书店老板听到消息，喜出望外，他想好好布置一番，让这位法国著名作家高兴高兴，于是他把书架上的其他书籍全部撤换下来，再摆上大仲马的著作。

大仲马走进书店，看见所有的书架上都是他的著作，感到非常吃惊，他问："其他作家的书都到哪里去了？"

书店老板没想到他会有这么一问，顿时慌了手脚，急切之间，就胡乱答道："其他作家的书全……全都卖完了！"

这真是拍马屁拍到了马腿上，书店老板无意中说的一句话，却给人造成了一种错觉，就是其他作家的书都很畅销，而唯有大仲马的书积压在了书店里。

自始至终，这个小幽默都是在不动声色中完成的，书店老板没有意识到自己会弄巧成拙，而我们呢，则从中领略了幽默的魅力。

善于装傻，用蠢言蠢事的方式来营造幽默的氛围，造成无理的情趣，博得大家的开心一笑，我们就会发现生活中多了几分淳朴，多了几分宽厚，也多了几分快乐。

## 荒谬幽默法

生活中荒谬的事情是很多的，被我们遇见了，看在眼里，听在耳里，常常觉得很好笑。有时还忍不住想去反驳一番，把荒谬之处揭示出来，提醒别人注意。有这样的想法当然是好的，不过我们却必须认识到，如果生活中完全消除了荒谬，那么幽默就会从我们身边消失了。

幽默从来都是“歪”的，都是和荒谬相伴而生的。“水至清则无鱼”，容忍荒谬现象的存在，不仅是一种宽容，而且也是一种情趣。

荒谬的事物、荒谬的言行、荒谬的逻辑等等，虽与科学认识背道而驰，对工作的圆满完成不造成任何积极影响，但却能以幽默的情趣给人世间带来欢乐，仅从这个意义上说，荒谬就是值得存在的。

更妙的是，对那些荒谬的东西，我们可以采取同等荒谬的方式来对待，歪理歪推，从荒谬到荒谬，用荒谬来对付荒谬、克制荒谬，不仅会使荒谬的程度百倍放大，消除了大家的错误认识，而且还会使幽默的情趣更强烈，更使人大笑不止。

有一个穷书生，特别爱吹牛。有一次他对朋友说：“我家有一只狗，会读书认字。”

朋友知道他又吹牛了，便说：“有这样的新鲜事，我不相信。”

“你不信，明天到我家去看看嘛。”穷书生继续吹牛。

第二天，朋友早早来到穷书生家里，见到他就问：“你家那个会读书认字的狗呢?”

穷书生说：“不怕你笑话，只因为我家里太穷，我让它出外教书挣钱去了。”

狗能读书认字，本已十分荒谬，为了自圆其说，穷书生在荒谬的基础上进一步发挥，居然让狗“出外教书挣钱去了”，荒谬的程度就得以迅速放大，到了令人无法容忍的地步，幽默感就显得百倍地强烈了。

对那些明显荒谬的东西，我们也采取荒谬的方式来对待，就能创造出更诱人的幽默来了。

## 肯定对方的荒谬，并加以进一步演绎

对方说的话中有荒谬的成分，哪怕是显而易见的，我们也用不着急于反驳。直截了当地揭示出来，固然显示了自己认识的高明，但却展示不出幽默的情趣，严重的甚至还会伤及对方的颜面，造成双方关系的紧张。

在这种情况下，最高明的策略莫过于故作糊涂，先肯定对方的观点，然后再运用幽默的逻辑进行演绎，以得出一个更荒谬的结论，让大家听了都捧腹大笑。

最初的荒谬也许并不那么显眼，甚至会被大家都习惯性地接受，经过我们荒谬的演绎后，荒谬成分就会变得触目惊心，使大家无法接受了。同时，演绎后的荒谬与现实生活的反差也会百倍地强烈，幽默的效果就会百倍地显著。

约翰到酒吧喝酒，问服务员说："先生，喝一杯白兰地酒，要多少钱?"

"在柜台上喝是四美元。"服务员回答道，"如果你在柜台旁边喝，交两美元就可以了。"

约翰说："看来，如果我到外面去喝，便可以免费了。"

服务员的话中有一定的荒谬成分存在，但却并不明显，能被大家顺理成章地接受。经过约翰的进一步演绎，荒谬成分就十分鲜明，变得无法令人认同了，而幽默感恰恰就在这种情况下出现了。

游客拦了一辆出租车，问司机："到火车站多少钱?"

司机说："12 元，行李免费。"

游客说："那么请你把这些行李送到火车站，我自己步行赶去。"

司机的话是正常的，但却隐藏着我们所忽略的荒谬成分在内。游客把其中的荒谬成分加以演绎，使荒谬得以放大，就使人忍不住想大笑一番了。

在阿拉伯流传着这样一个幽默故事。

有一个农夫因为一场官司，被县官抓去坐牢，可是播种季节就要到了，家里的地无人去挖，无法播种，农夫的妻子在家急得抓耳挠腮。

农夫想了一个主意，给妻子写了一封信："亲爱的，你千万不要告诉别人，在咱家的地里，我偷偷地埋藏了两罐金子。"然后请差役把信送给他的妻子。

几天后，妻子回信说："奇怪，两天前来了一群人，把咱家的地都挖过了，现在我已经播了种，请放心。"

农夫在万不得已的情况下写了一封荒谬的信，差役们信以为真，对荒谬给予了完全肯定，于是做出了更荒谬的事情，替农夫挖了地，解决了农夫的燃眉之急。

先有了对方的荒谬，再有了我们荒谬的进一步演绎，就把令人无法容忍的荒谬呈现在大家面前，与活生生的事实构成极其强烈的反差，使幽默的情趣无限生动地来到了我们身边。

## 谬上加谬，制造一种多层次的荒谬

一般性的荒谬已能造成一定的喜剧效果，如果能更进一步，在一句话里包含多层次的荒谬成分，谬上加谬，那么给人的荒谬刺激就会更强烈。

制造一般的荒谬并不难，难的是把荒谬加以极端化，通过一层层的演绎，使荒谬变得更加荒诞不经。这是需要丰富的想象力和活跃的思维能力的，如果缺乏别出心裁的荒谬演绎，谬上加谬的幽默效果就不会出现。

迈克谈判回来，经理问他："喂，迈克，这次谈判成功了吗？"

"可以说，成功一半。"迈克说。

"成功一半是什么意思？"经理不解地问。

"这次是我去了，他们没去。"迈克说。

没有谈判却说成"成功一半"，本就显得荒谬，更荒谬的是迈克所解释的原因"我去了，他们没去"。在这句话里已经包含了两个层次的荒谬，让人听了怎不捧腹大笑呢？

再来看下面的对话。

甲：我去过伦敦，那儿的雾很大。

乙：我去过一个城市，那里的雾比伦敦要大得多。

甲：在哪儿呢？

乙：那里的雾太大了，我看不清地址。

乙所描述的雾大的地方本是子虚乌有，是荒谬的，但他还更进一步，宣称“雾大得使他看不清地址”，荒谬的程度就升级了。更难得的是，这种谬上加谬的效果完全凝聚在一句话里，给人的幽默冲击力就会更强。

一位顾客在某餐厅吃午饭，突然发现牛排里有一只苍蝇。他十分气愤地叫来服务员：“这是怎么回事？”

服务员不慌不忙地说：“先生，恭喜你。”顾客更生气了：“你这是什么话？”

服务员说：“这只苍蝇，是本店设置的二等奖。”

饭里吃出了苍蝇却给以“恭喜”，本就荒谬，服务员还要更进一步，把荒谬推向极致，称苍蝇就是奖品，这种谬上加谬的效果使人由不得化怒为喜，想必顾客的怒气就会烟消云散了吧。

“正理正推”不会出现幽默，只有“歪理歪推”才能营造幽默的效果。谬上加谬的幽默具有一定的难度，不仅前提是歪的，而且推论的逻辑方式也是歪的，把多层荒谬的意思压缩到一句话中，造成极其荒谬、极其怪异的效果，强烈的幽默感就会扑面而来。

## 用更进一步的荒谬返还对方

如果对方的话本就十分荒谬，我们用义正词严的方式加以反驳也是可行的，只是往往要闹得势不两立，造成的负面影响要大得多。

在这种情况下，我们可以模仿对方的荒谬表达方式，来故意制造另一种更荒谬的意思，返还给对方，使对方自食其果。

把这种策略运用于亲朋好友间，就有了调笑的气氛，密切了双方的关系；运用于敌对的还击上，就增强了还击的效果，使对方束手无策。

有一个放牛娃给一个吝啬的财主放牛，还干了许多杂活，但一日三餐财主只给他吃些残汤剩饭，放牛娃问为什么，财主却说：“你年纪小，吃不吃不要紧。”

第二天，放牛娃砍了些水杨柳，编成牛嘴笼子套在所有小牛的嘴上。财主看见了，生气地责问道：“你怎么不让小牛吃草啊，小牛什么时候才能长大呢？”

放牛娃说：“主人，你不是说，年纪小，吃不吃不要紧吗？”

财主无言以对，从此再也不敢让放牛娃吃残汤剩饭了。

财主说“年纪小，吃不吃没关系”是荒谬的，放牛娃就用同样荒谬的方式，不让小牛吃东西，还击财主，使财主尝到了苦头。这种还击是多么有力，又是多么机智、多么富有幽默情趣啊。

作家正在书店里看书，医生走过来说：“先生，这些书你都看过吗？”

作家说：“大部分没看过。”

医生说：“这么多书你都没看过，怎么能写作呢？”

作家说：“你把所有的药都尝过吗？”

医生说：“没有。”

作家说：“那么多药你都没尝过，怎么能开给病人吃呢？”

医生对作家的责难是荒谬的，因为会写作的人并不一定要把所有的书都看完。作家没有对这种荒谬给予正面反驳，而是模仿了医生的推论方式，制造了另一种同样荒谬的事实，即不把药全部尝一遍的医生照样在给人看病。

以同样的荒谬返还给对方，使对方的荒谬加倍地释放出来，幽默情趣就会更浓厚，反击力度也会更强烈。

战国时期，齐国大臣晏婴因机智善辩、言辞犀利而闻名天下。

有一次，他出使楚国，楚王故意为难他，指着两个犯偷盗罪的人问道：“这是两个什么人？”

楚国大臣故意回答道：“是齐国人。”

楚王便回过头来看着晏婴责问道："你们齐国人有偷盗的爱好吗？"

"不，没有。"晏婴答道。

"那么，眼前这两个齐国人，你又作何解释呢？"

"大王肯定听说过，橘子生长在江南，到江北就变成枳，这是因为江南江北的水土不同。这两个人在齐国不偷盗，到楚国来就偷盗，由此可见，是楚国的水土使他们变成这样了。"晏婴答道。

楚王的刁难是荒谬的，晏婴用"水土不同，使齐国人在楚国变成了贼"的论断来还击，虽说十分荒谬，但却令楚王有口难辩，因为楚王打出的巴掌最终却落到了自己身上。

双方都是荒谬的，就看谁的荒谬程度更出格、更奇特。只有在对方的基础上更上一层楼，才能把荒谬的意思更有力地返还回去，既造成了幽默的效果，又达到了人际交流的实际目的。

从荒谬到荒谬，有意制造一种无理的情趣，就会给生活增添许多笑声。不过需要我们注意的是，尽管所运用的推论方式是荒谬的，却也具有一种荒谬的严密性，造成了一种荒谬的真实，从而与生活的真实相对照，产生了极其强烈的幽默效果。

# 第六章 生活幽默集萃

幽默是受人欢迎的，因为它体现了与人为善的原则，能够给我们的生活带来美好的变化，不仅是人际关系的润滑剂，而且还是社会生活的净化剂。

## 我肚子里憋着呢

转移概念就是把概念的内涵暗暗转移；转移得越是隐蔽，概念的内涵差距就越大，幽默效果就越强烈。

工人甲："今天食堂伙食改善得真不错，应该给他们写封表扬信。"

工人乙："表扬炊事员还是管理员？"

工人甲："表扬来厂的参观团。"

食堂伙食改善，明显应该表扬炊事员，或管理员，属于服务质量关系的范畴，可工人甲却把它转移到招待来厂参观团的人事关系上去。这里，工人甲幽默感的构成，其成功就在于暗暗地无声无息地把"表扬"这个概念的内涵做大幅度的转移。

从上例中，我们可以看出，所谓“转移概念”就是故意违背概念的同一性，中途悄悄地将概念转移，形成聋子对话，各人说各人的。

有甲乙二人在路上碰到有人抬着棺材。乙迷信，问甲：“我要求得到吉利的话，应该走在棺材的前面，还是走在棺材的后面？”

甲说：“前面、后面一样吉利。”

乙又问道：“那么左面和右面，哪一面吉利？”

甲说：“只要不走进棺材里去，都吉利。”

这里，甲运用了转移概念法，乙问的是哪一面吉利，甲却说不要走进棺材，答非所问，甲其实是抓住了“不吉利”这个概念的多义性，将其进行了转移，“碰到棺材不吉利。你人还活着；走进棺材不吉利，你已是死了”；所以左右前后都“吉利”，只要不走进棺材。

有一天，大刚对小强说：“我俩同岁，可是我长得这么魁梧，一次能把二百斤粮食从我家背到二里地以外；你却长得这么瘦小，风一吹，就能把你吹上半空。”

小强说：“别看我长得小，力气可比你大多了。你一次背二百斤才走二里多的路；我一次却背几万斤，甚至还要多，而且走到哪里都不叫累。”

大刚说：“你说谎，大力士也背不了那么多，就你这身体，五十斤就把你压扁了。”

小强说：“真的，我真的能背这么多。”说着，他拿了大叠粮票，“你看呢！”

小强这是把重量的内涵转移了。实际重量转移到粮票上的重量。但这里最令人欣赏的是小强的幽默奇趣。他摆脱了瘦小在心理上产生的自卑，而用幽默的智慧战胜了高大的大刚，引起欢愉的共鸣。

煤气公司的门前排着长队，老吴一连跑了几天依然带着一个空罐回家。

妻子：“灌上气了吗?”

老吴：“灌得满满的。”

妻子欣然打开煤气灶准备做饭，但连点几次也点不着火。

“喂，老头子，你灌的这是什么气呀?”

“霉气。”

“怎么点不着火呢!”

“火在我肚子里憋着呢!”

丈夫把煤气的火转移成心中的火，这是成功的概念转移幽默。丈夫没有把外来的烦恼泄在妻子身上，而利用这难得之机制造一件幽默趣事，让二人共享，表现出一种豁达大度的气概。

转移概念就是把概念的内涵暗暗转移；转移得越是隐蔽，概念的内涵差距就越大，幽默效果就越强烈。在具体的语言环境中，人们完全可以凭互相的心领神会进行交流，任何发问都并不需要详细说明自己所用的概念的真正所指，故发问者完全可以预期对方在自己真正所指的范围内做出反应。如果我们能以幽默的回答转移概念的真正所指，打破这种预期，就能产生幽默。但是幽默感的完成在于意外之后的猛然发现：概念被暗暗转换了以后道理上居然也讲得通，虽不是很通、真通，而是一种“歪理”，却正是这种“歪理”显示了你的机智、狡黠和奇妙的情趣。

## 那个地方不是厂长

生活中最难处理的是自己不自觉的或对方突如其来的冒犯言行所造成的尴尬场面，当意识到自己错了或对方错了时，聪明的人会以错对错，用幽默来化解，缩短彼此之间的心理距离，让神经放松，共创无拘无束的气氛。

一天，几个同学一起去看望高中时的班主任老师。多年不见，老师当然问同学每个人的情况。

“见到你们很高兴，”老师最后问一位女同学也像前面问其他同学一样说，“你丈夫好吧？”

“对不起，老师，我还没有出嫁……”

“噢，明白了，你丈夫是个光棍？”

同学们马上被老师的幽默感逗得哈哈大笑起来，先前的尴尬烟消云散。老师心不在焉地说错了一句“蠢话”，知道错后，急中生智，同样说一句“蠢话”，“光棍丈夫”冲淡前句造成的尴尬，因为大家都知道他是故意说的，所以就显得聪明而有趣。

当然，发挥幽默时要仔细考虑环境和对象，如果你对对方还没有足够的把握，他对你的尊敬或信任还没有达到可以冒险开一下玩笑的程度，或者在当时的环境下，存在着可能引起尴尬的因素（人或事），或者对方是一个完全缺乏幽默感的人，他可能在你幽默语言面前做不出相应的反应，你就可能伤害了他，或者使他更害羞，更不自在，而你自己也可能因有失礼貌而产生愚蠢之感。

在浴室里，一个小伙子看到他前面的一个背朝着他的人很像是他的朋友。他想开个玩笑，就照着那个人的屁股狠狠地打了一巴掌，被打的人转过身——天啊！那原来是他们的厂长。

“请原谅！我确实没有想到是您！”

“没关系，小伙子！”厂长安慰他说，“你打的那个地方不是厂长。”

这句“蠢言”中蕴藏着极大的幽默，厂长将自己身体的某一部位与整体分开，部分不等于整体，所以“你打的那个地方不是厂长”，以故愚故蠢的方式消除了对方的误会所造成的紧张心理，使误会和紧张化为笑声。

再看下面一则夫妻之间的幽默。

妻子被啼哭不止的孩子缠得束手无策，便苦苦思索让孩子快点入睡的办法。

突然她大声吩咐丈夫："快点拿本书来！"

丈夫莫名其妙，问："要书干什么？"

妻子说："我平常看见你说说笑笑挺精神，可一捧起书就呵欠连天，很快就睡着了，可见书本能催人瞌睡。我想让咱们的孩子也试试。"

妻子的一番"蠢言"，一是想摆脱孩子的啼哭带来的烦恼和无奈，再是批评丈夫平时看书学习不用功，真乃"一箭双雕"，可见"蠢言"并不蠢。

故意蠢言蠢行之所以幽默，是因为交谈时双方都明知其蠢。常理不应如此说如此行。如果不是这样，而是不知其愚蠢，那就是真正的笨蛋、傻瓜，毫无幽默意味了。

明知荒谬而故说，要有一种清醒的认识作背景，与所说的意义构成反差，来传达一种很复杂的情感，这时才耐心寻味。当然，故意蠢言蠢行的幽默还需要有高人一筹的智慧作为背景，要有别具一格的心态。在发挥这种幽默时，虽然你是明知而故愚，但是其语调神态却要十分认真严肃，这样才可能把荒谬与严肃的反差充分突现出来。如果你没有真蠢的样子，就可能导致反效果。在发挥这种幽默时，一定要注意真蠢的语言和神态。

## 我个个手指都爱

幽默感常常与可笑是联系在一起的，越是使人可笑，越有幽默的效果。但我们要明白，发出笑声是交际对象的事，是听众的事，不是说出幽默语言的人的事，在发挥幽默时，越是沉得住气，幽默感的效果越好。

富兰克林·罗斯福连任第四任总统时，有位记者前来采访他，问他对连任有何感想。罗斯福没有马上回答，而是请记者吃一片三明治。记者觉得很荣幸，就吃下去了；罗斯福请他再吃一片，记者又吃下去了；罗斯福请他吃第三片。记者觉得纳闷，但还是勉强吃下去了。当罗斯福又请他吃第四片时，记者说："谢谢您，总统先生，我实在是吃腻了。""那么，我还需要回答您刚才的问题吗？"总统微笑着问。

罗斯福没有直接回答记者提出的"关于他对连任的感想"问题，而是通过请记者吃三明治等一系列的动作，让记者自己说出对连吃四片三明治的感想。然后巧妙的进行类比，将自己连任四届总统的感想与"记者连吃四片三明治"的感想进行类比，把两件风马牛不相及，不具备可比性的事情硬牵扯在一起，巧妙的逃避了对这个敏感的政治问题的直接回答，显示了一个政治家高超的智慧、幽默与风范。

在有几个孩子的家庭里，孩子们都想得到母爱和父爱，并都想比别人多得到爱，都想有一种高高在上的优越感。由于孩子的心灵是娇弱的，母亲和父亲都很难处理这种复杂的关系。如：

小女儿问妈妈："妈妈，几个孩子中你最爱哪一个"？

妈妈想了想，反问："十个小指头你最爱哪一个？"

小女儿指指小拇指。

于是，妈妈拿起剪刀，佯装要把其余的手指剪掉。

"不要剪，不要剪。"小女儿叫道："我个个手指都爱。"

如果妈妈粗心，随便说最喜欢哪一个，或拒绝回答，甚至骂他一顿，或简单地回答都爱，这都不能达到理想地教育孩子的效果。相反。一旦孩子认为失去了母爱这种保险的感情，会变得消沉、忧虑和孤独。这位妈妈的妙招在于不露声色地平衡了微妙复杂的家庭感情关系，对小女儿的提问，这恐怕是最佳的回答。它使小女儿明白了，母爱是博大的、无私的、不分彼此的。

一个幽默感强的人，也往往对对手有充分的同情心。即使处于矛盾尖锐的情境中。也不愿锋芒毕露，而宁愿高深莫测。不但喜怒不形于色，而且好恶也不溢于言表。

有个个体户，有几个钱，他妻子并不懂音乐，却为赶“热潮”硬是买了一台钢琴，有时还摆弄摆弄。个体户沉气在胸。有一天，妻子同他商量：“我想在钢琴上放一座音乐大师的塑像，为我们这个家庭添几分音乐情调，你赞成吗?”

丈夫漫不经心地应道：“好啊!”

“你看莫扎特、贝多芬和李斯特他们三个之中谁最合适?”

“当然是贝多芬了。”

妻子兴高采烈地问：“是吗，亲爱的，为什么?”

“因为他耳聋。”

丈夫为满足妻子的虚荣心，没有直接批评妻子来表示自己的不满，而用“贝多芬耳聋”听不见，暗示妻子不懂音乐，琴弹得太差，购钢琴是一种浪费，还有与家庭的不和谐。一时让妻子怀着神秘的心情去猜测，使幽默带上某种神秘的色彩。妻子被丈夫不动声色的幽默言语说服了。可见，幽默在家庭人际关系中，也是上好的润滑剂。

## 祝你身体健康

我们在社会交际或其他场合中，随时都有可能与他人发生事理、语言、心理上的冲突。如果在社会准则的约束下。按常理处理，定会有得有失。甚至失大于得。但如果你能宽容豁达点，机智的运用幽默，即使不改变你的攻击性，也能在幽默中使攻击得到钝化，避免弄僵人际关系。

公共汽车上有个醉汉，毫无顾忌地大喊大叫，最后纠缠一位不到20岁的小姑娘。

车上的人对此熟视无睹。不一会儿，车要到站了。这时。有位性格爽朗的中年男子，从稍远的位置，一边向醉汉喊着，一边向他走去。

“喂，好久不见了。怎么，不记得我了，忘了？”

醉鬼回头一看，对这位素不相识的男人的亲切招呼感到惊讶。那位男子说：

“是我，我，怎么忘了？真是贵人多忘事。”

醉鬼疑神疑鬼地说：“什么，你是谁？”

“你现在在哪儿，我在下站下车，你在哪儿下？”

“终点站。”

“我们见面不容易，下站一起下，谈谈上次分手后的情况。”

“喂到站了，走吧，啊，小姐，对不起。”这位男人向姑娘挤挤眼，说着就把醉汉领下了车。

乘客们长长地出了一口气。车刚要开。那个男人叫道：“啊，糟了！买东西的袋子掉到车上了。啊，对不起！”说着又跳上了车。

车门关了，车开了。这位男子向醉汉挥手说：“再见，祝你身体健康！”

乘客都望着他，热情地为他鼓掌。

这位中年男子利用醉汉神志不清，以所谓朋友迷惑对方，求得亲近，这样钝化了攻击性，最后达到目的，让醉汉自觉跟自己下车。他的脱身之计更妙，他没有一下车马上严肃起来，直接攻击对方，而是让对方在明白中计的同时，又有一种知错的心理反应。如果他以硬性力量强制醉汉，只是给人一种泄愤的快感。其结果也许很糟，自己下不了台，也许会爆发一场大的冲突。

可见，有“大肚能容”的胸襟和宽容原谅攻击对象的心理，是运用钝化攻击幽默法取得成功的前提。否则，不仅钝化不了攻击，而且幽默感也无处发挥。

水管漏得很厉害，院子里已经积满了水。修理工答应马上就来，结果等了大半天才见他的身影，他懒洋洋地问住户：“大娘，现在情况怎么样啦？”

大娘说：“还好，在等你的时候，孩子们已经学会了游泳。”

大娘将小伙子迟到的时间夸张化，用玩笑的口吻淡化了对修理工的不满的攻击，让修理工在笑的同时心存愧意。如果大娘直接斥责，效果肯定没那么好，说不准，修理工扭头就走。

妻子：“今年春天，不知流行些什么时装？”

丈夫：“和平常一样，只有两种，一种是你不合意的，一种是我买不起的！”

这位丈夫用智慧和宽容，将攻击钝化、淡化、间接化，善意地批评了妻子的爱赶时髦，一般通情达理的妻子都能接受。

总之，钝化攻击幽默法可以帮助你从凶险的冲突、怨恨的心理、粗鲁的表情、一触即发的愤怒中解脱出来。

# 果然明目多了

孔夫子说过："上士杀人用笔锋，中士杀人用舌锋，下士杀人用石盘。"可见，口诛笔伐里有幽默。但幽默里的"刀"不是真刀，而是假刀；不是硬刀，而是"软刀"，是"软刀子割人不觉疼"。

就像孙子举起玩具手枪，突然对准刚进门的爷爷，大喝一声："不准动，举起手来！"爷爷乖乖举起了手。孙子又扣动扳机。爷爷又应声瘫倒在地，这就有点滑稽，有点幽默。

借"刀"的方法很多，有借他人之"刀"来"杀"对手的。如：

在美国一所学校里。一位女教师在课堂里提问："'要么给我自由，要么让我死。'这句话是谁说的？知道的人请举手。"

教室里鸦雀无声，女老师脸上一片失望。这时，有人用不熟练的英语答道："1755年，巴特利克·亨利说的。"

"对，同学们。刚才回答的是个日本学生，你们生长在美国都答不出，而来自遥远的日本的学生能回答。多么可怜哟！"

"把日本人干掉！"

女教师听到叫声，不由气得脸通红，大声问道："谁？这话是谁说的？"

静了一会儿，教室一角有人答道："1945年，杜鲁门总统说的。"

这则有口皆碑的小幽默里的美国学生，就是借杜鲁门的"刀"来"杀"

他的日本同学的，“杀”得幽默透了。

有借对手的“刀”，来“杀”对手的。

语文老师收到了一封匿名信，信里只有两个字：蠢猪。

老师没有暴跳如雷，而是心平气如地拿到课堂上让同学们传阅，说：“大家看看，这封信没有署名，没有抬头，没有内容，合不合书信写作规范？”

老师没有大动肝火，兴师问罪，“这封信是谁写的，”而是寓书信写作教学于对不成体统的匿名信的风趣批评之中，借对手射过来的箭，反射出去，一箭双雕。

“借‘刀’杀人”法，重在所借之“刀”，这是运用此法的关键，只有这把“刀”借得巧，借得适当，才可能天衣无缝，创造好的幽默效果。如：

> ①警察在现场抓到一个罪犯，罪犯说：“我没罪，先生。因为我只不过是被人利用的工具而已，而工具是无罪的。这好比一个人用刀子杀了人，罪过不在刀而在人。”“噢”，警察若有所悟地说：“好极了，那就请您跟我走一趟。”“为什么，先生我说过了。我只是工具!”“对，按照法律，作案工具是要被没收的。”

> ②某人请了位私塾先生，但待遇很差，每顿只有冬瓜。先生问主人：“您是不是特别爱吃冬瓜?”主人答：“是的。冬瓜不但味美，而且有明目之功。”有一天，主人来找先生，见先生临窗远眺，没有理他，便叫了他一声。先生故作惊觉。说：“我正在看城里演戏”，“这里能看得见?”“能！自打吃了您家的冬瓜，果然明目多了!”

例①中，警察巧借罪犯的“工具无罪说”这把“歪刀”歪理正辩，幽默风趣。例②中私塾先生却借主人的“冬瓜明目说”这荒谬之“刀”，以谬对谬，批评了主人的吝啬。

自然，幽默中的“借刀杀人”与军事策略上的“借刀杀人”有本质的区别。前者是虚的，正义的，能以凛然正气制胜，它因具有道德上的优势而容易形成幽默。

## 我本人是完全同意的

“晏子使楚”的故事大家一定还记得。晏子使楚，楚人让钻狗门，他钻进去了，但却能巧妙地出来，能够把钻狗门蝉脱羽化为“使狗国而入狗门”，这就是金蝉脱壳幽默术，它贵在活脱，是幽默艺术中最幽默的一种策略。它的妙处就在于从没有空子的地方钻出空子来，并从空子中蜕化出来。

常用的金蝉脱壳策略有两种：

一是顺水推舟，顺流而脱。

即抓住对方的话把子，给自己找台阶下。

比尔在理发店理完发，刚起身，碰巧经理也来了。

“你好，比尔，你很会利用时间，上班理发。”

“是的，先生。你看，我的头发是在上班时长的。”

“不是全部吧。其中一部分是下班后长的。”

“是的，先生，你说得好极了。所以，我只理掉上班时长的那一些。”

比尔违反公司规定，上班擅离工作岗位，被经理当场逮住，骑虎难下，但能抓住经理“上班”“下班”的话把子，顺着经理的梯子而下，尽管回去还要挨罚，但至少在公共场合没有当场下不了台。

二是点中哑穴，趁机而脱。

法官：你有生以来，究竟有没有老老实实挣过一次钱?

骗子：当然有过的。

法官：是哪一次。

骗子：在最近这次法官选举中，我投了你一票。

骗子这一句话犹如点中了对方的哑穴，使之说不了话，追不下去，自己也就摆脱了。

## 把鼻子都碰扁了

无中生有技巧的运用一般包括四步：悬念、渲染、反转、突变，而巧妙的悬念是无中生有造成幽默的前提。

这里有一则《白索画与画白画》的故事。

索画者："我很喜欢您的画，连做梦都梦见您送我一幅画。"

画家："好说，送你一幅吧。"画家顺手拿过一张白纸，指着白纸对索画者讲解画的奥妙："先生，在这张画里，你可以看到一头牛，它正在吃草。"

索画者："草在哪儿?"

画家："哦。被牛吃光了，它还待在那里，岂不是等着白白饿死。"

画家先答应索画者，给一幅画，造成一种预期心理，然后用白纸赠索画者，以白画对白索，作无中生有的解释，并在同时运用实际生活中存在的现象——即牛吃草，草被吃光了，牛没草，牛走了，将无的东西消解，虚虚实实，使先前的预期心理与实际结果形成强烈反差，幽默也就产生了。

无中生有技巧的运用一般包括四步：悬念、渲染、反转、突变，而巧妙的悬念是无中生有造成幽默的前提。

鲁迅先生的侄女周晔，在《我的伯父鲁迅先生》一文中，叙述了这么一件生活小趣事：

有一次在伯父家里，大伙儿围着一张桌子吃饭。我望着爸爸的鼻子，又望着伯父的鼻子，说：

"大爹，你和爸哪儿都像，就是有这么一点不像。"

"哪一点不像呢？"伯父转过头来，微笑着望我。他嘴里嚼着，嘴唇上的胡子一动一动的。

"爸爸的鼻子又高又直，你的呢？又扁又平。"我望了他们半天才说。

"你不知道"，伯父摸着自己的鼻子，笑着说："我小时候，鼻子跟你爸爸的一样，也是又高又直的。"

"那怎么……"

"可是到了后来，碰了几次壁，把鼻子碰扁了。"

鲁迅这则幽默的成功之处，在于巧妙悬念，中间没有什么渲染，也没有什么转折，就像孙悟空翻筋斗云，一翻就到了南天门，这种无中生有，生得突兀，生得奇谲，迅雷不及掩耳，需要更长的回味。

无中生有，也有"难"产的时候，折腾了大半天才能生出来。

N君是日本最大的广播电台的首席播音员。一天，N君对一位新同事说："喂！相川，你过来一下。"

"是的。"

"你既然能被本电台录用，想必基本常识一定不错吧！"

"啊，是的。我想至少……不过……"

"好，你简单说出日本的三大牌坊。"

这时，相川显得非常紧张，心中七上八下的，咚咚直响。围在一旁的同事也睁大眼睛注视着他们，想知道问题的正确答案，也瞧着这场戏的发展。大家觉得N君的问题太阴阳怪气了。但相川却仍在绞尽脑汁。经过一番思忖，相川终于鼓起勇气。

“安芸的宫岛牌坊。”

“还有呢?”

“伊势的大神宫牌坊”。

“还有呢?”

“嗯，还有……还有……”

“不知道吗?”

“唔，真不好意思，我一下子想不起来……”

相川提心吊胆，直冒冷汗，N君突然笑道：告诉你吧！我所谓的三大牌坊就是威士忌（两名词的日本读音相同）。

无中生有表面上是与实事求是对着干的，实质上是一种更高层次的幽默艺术，是对实事求是的曲折艺术表现。比实事求是具有更普遍的涵盖性。

## 把心留在教室

“指桑骂槐，说白道黑”就是利用语言表层含义的不同，以一个东西为凭借，字面上说的是它，但从深层次上传达出的是另一层意思，这层意思虽不明言，但彼此都了然于心。

《红楼梦》第三十回宝黛吵架后，宝玉赔礼道歉，两人言归于好。宝玉心里高兴，无意中把宝姑娘比作了杨贵妃。林黛玉为了打岔，就问宝钗看了些什么戏，很少生气的薛宝钗这时趁机说了一段精妙的骂词：

“我看的是李逵骂了宋江，后来又赔不是。”宝玉便笑道：“这出戏叫作‘负荆请罪’，你怎么不知道？”宝钗说：“你们博古通今，才知道‘负荆请罪’，我不知什么叫‘负荆请罪’。”

薛姑娘回答林姑娘的话，已经是“指桑（李逵）骂槐（宝玉）”了，指与骂都很巧妙，致使宝玉一下子没反应过来，引出了宝玉的自作聪明。宝钗更生气了，抓住“负荆请罪”这个话柄，索性连宝黛一起骂，如此自然、雍容、典雅的指桑骂槐，也只有薛宝钗才能骂得出来。

所谓“指桑骂槐，说白道黑”就是利用语言表层含义的不同，以一个东西为凭借，字面上说的是它，但从深层次上传达出的是另一层意思，这层意思虽不明言，但彼此都了然于心。

据司马光的《资治通鉴》记载，唐太宗的皇后（长孙氏）死了，唐太宗很想念她，就在宫中搭起了一座很高的楼台，暇时便登台眺望她的陵墓，以表达他对这位助他定天下处理国务及君臣关系的贤淑皇后的哀思。一天他邀请宰相魏征一起上楼去眺望，他问魏征看到皇后的陵墓没有。魏征说：“我老眼昏花了，没法看到皇后的陵墓，只看到乾陵（太宗父亲唐高祖的陵墓）。”这以后，唐太宗就把这座楼台拆了。

魏征明明看到了，故意说看不到。意思是批评唐太宗不该只想念自己的老婆，更应该思念建立唐王朝的父亲，所有这一切都只能是心照不宣的。这里心照不宣有两个作用：一个是安全，避免冒犯皇帝，二个是以此反衬出口表述的不符合实际，以构成谐趣。

已下课了，可老师还在不停地讲课。有个学生，眼睛不住地往操场上瞧。

老师批评他说：

“你呀，人在教室，心在操场，这怎么行呢？”

学生听了说道：“老师，让我人去操场，把心留在教室好吗？”

这位学生的指白说黑幽默意在说老师已下课了，不应还把学生留在教室。这层内在意思大家心里都明白。“心留在教室”和“人去操场”显然荒谬，却形成反差，谐趣也就产生了。

从上述可知，幽默就是用双方心照不宣的名实不副，把白的说成黑的，指着桑树骂槐树，从而产生反差，传达另一层真正的要表示的意思，达到幽默交流的目的。

## 我自己走路去

在人际交往中，真正攻击性的幽默相对来说是比较少的，纯调侃性的往往居多，但即使是纯调侃性的，往往也带着假定的虚幻的攻击性。

日常生活中的开玩笑，取绰号，都属此列。攻击性如果对于陌生人，则不管多么虚幻，也都不礼貌，可能引起不良后果。但是如果是在非常亲近的亲属或朋友之间恰恰又是交流情感的一种常用方法。攻击性更强烈的幽默，可以称之为戏谑性幽默。这种幽默的亲切感也更强些。

文欢是著名流行歌手，杨锋是知名青年作家。两人是要好的朋友。

杨锋因大作问世，特设宴请来几位好友庆贺庆贺。文欢自然被请。

宴会开始时，文欢举杯向杨锋敬酒，说：“老兄，虽说你是小人，我是君子，但今天我得先敬你一杯！”

众宾客都愣住了，连杨锋一时也不解其意，忙微笑着询问：

“此话何解？”

文欢笑着朗声答道：“你是小人——动手；我是君子——动口！”

满堂宾客听了，顿时为之捧腹。杨锋更是兴奋，把酒一饮而尽。宴会气氛一下子活跃起来。文欢的敬酒辞开始确实攻击性太强了，一下子让人无法承受，大家也突然紧张起来，如不是文欢很了解杨锋，知他为人，风险就大了。等到一解释，大家心里猛然放松，使人产生一种精神解脱的快感，文欢的幽默目的也达到了。皆大欢喜。

戏谑性调笑在功能上有一个特点，它是纯粹用来放松情感的，于实际问题的解决并不起任何作用。比如说，深夜有人敲医生的大门，来人请医生赶快出诊，医生很不愿意从被窝里出来，随口说：“他得了什么病？”来人说：“他吞下了一只大老鼠，现在痛不欲生。”医生这时不得不起来了，但仍然说：“那好办，去叫他再吞一只猫就是了。”

如果医生这样说完又躺下去了，不想救病人于水火之中，就不是医生本人的幽默，而是对医生的讽刺了。如果医生把来人逗笑以后，看到他神经放松了，拍拍他的肩膀说：“走吧！咱们一起去找一头胃口好的猫吧！”幽默的戏谑性就立即被来者领会了。

使用戏谑幽默时要注意适合时宜，把握分寸，要有过人而精致的感觉能力和洞察能力，才思敏捷，否则就不能登堂入室去幽默地戏谑你的朋友或其他人。

一个画家去拜访德国著名画家阿道夫·门采尔，向他诉苦：“我真不明白，为什么我画一幅画用了一天工夫。可是卖出去却要一年？”

门采尔认真地说：“请倒过来试试吧，亲爱的！如果你花一年工夫去画它那么只用一天工夫就准能卖掉。”

画家问的是导致卖出去时间长的原因，而门采尔答的却是。

“怎样才能尽快地把画卖出去。”门采尔本来是批评这位画家作画粗制滥造的，可是用了一种建议的、假定的语气来表述，特别是用了“倒过来试试”这样的俏皮话，就把批评的锋芒收敛在温和的语气之中了。

德国一位名叫贝仑哈特的年轻钢琴家为诗人席勒的诗《钟之歌》谱曲后，特地举行了一个演奏会，把大名鼎鼎的伯拉姆斯也请来了。伯拉姆斯凝神地听着，有时还满意地点点头。演奏结束后，贝仑哈特问伯拉姆斯：“阁下是否很欣赏此曲？”伯拉姆斯笑着说：“《钟之歌》到底是首不朽的诗。”

问的是曲子如何，答的是诗很好。答非所问。似乎连起码的逻辑也不懂，很玄，但也很曲折地暗示，他所欣赏的是席勒的诗而不是贝仑哈特的曲。

从以上二例中，我们可以知道，答非所问是软幽默的一种，一般通过间接化、曲折化的方法处理，具有一定的玄虚性。

“契诃夫成了名，家里总是不断有慕名而来的崇拜者。有一天。来了三位上流社会的妇女，她们一进来就力图表现出很关心政治问题的样子提出问题，安东·巴甫洛维奇，你以为战争将会怎样呢？”契诃夫咳嗽了两下。想了一会儿，随后温和而认真地说：“大概是和平……”

“当然啊！会是哪一方面胜利呢？希腊人还是土耳其人？”

“我以为是强的一方面胜利……”

“那么照您看来，哪一方面是强的呢？”

“就是营养好教育高的一方面……”

一位太太大声赞美道，“啊，多聪明！”

另一位太太问道：“您比较喜欢哪一方面啊？希腊人还是土耳其人？”

契诃夫和蔼地看了她一眼，带着亲切温和的微笑答道：

“我喜欢蜜饯，您呢，您喜欢吗?”

“很喜欢!”太太们兴致勃勃地嚷道。

“它多么香啊!”另一位太太认真地说。

于是这三位太太活泼地谈起来，并且显出她们对于蜜饯的问题有非常广博的学问和精细的知识。她们显然很高兴，现在用不着再费脑筋装出对于她们从未想过的希腊人和土耳其人的事情的真正关心了。

契诃夫的这种幽默的关键在于，不去回答究竟是喜欢希腊人还是土耳其人胜利的问题，而是不动声色地提出了她们是否喜欢蜜饯的问题。

契诃夫以答非所问表现了他对三位太太的同情胜过了不满。

软硬兼施，曲尽其妙，才是幽默家高明的表现。

## “一不做，二不休”

在我国，古典经籍多为文言，与日常口语相去甚远，在通常情况下，即使不加以歪曲，就把它翻译成现代汉语的口语或方言，也可能造成极大的语义反差，如果再加以歪曲，与原意的反差就分外强烈，可产生不和谐之感，而显得荒谬滑稽。

唐朝的《唐颜录》中有一则歪曲经典著作《孝经》的事例。

北齐高祖有一次召集儒生开讨论会，会上辩论很是热烈。石动筒问博士道："先生，天姓什么？"博士想北齐天子姓高，因而回答："姓高。"石动筒说："这是老一套，没有什么新鲜。正本经书上，天有自己的姓，你应该引正文。不要拾人牙慧。"博士道："什么经书上有天的姓？"石动筒说："先生你根本不读书，先生不见《孝经》上说过：'父子之道，天性也'。这不是说得明明白白，天姓'也'吗？"

石动筒在这里歪曲经典的窍门是用了"性"与"姓"的同音。并且将原文中虚词的"也"字实词化，显得特别牵强附会，因而也就特别滑稽。

司马迁的《史记》上有一句名言，叫作"一诺千金"，说的是秦汉之际，和刘邦一起打天下的武将季布，只要他一答应，多少金钱也无法改变。香港有个笑话就歪曲地解释了这个典故。

有一位女士问先生："千金一诺怎么解释？"先生说："'千金'者，小姐也，'一诺'者，答应也。意思是，小姐啊，你答应一次吧。"

把历史英雄的典故，通过词义的曲解变成了眼前求爱的词言媒介，二者之间的距离有多遥远，则滑稽的程度就有多大。

歪曲经典最关键的仍是曲解，古与不古不是问题的最关键之处。

生活中运用这种方法的事例也比比皆是。

工厂一青年肚子疼。医务室给他开了病假条，他把病假条交给班长后，就在车间里的板凳上躺了下来。

班长见了，问："你有病怎么不回家休息？"

"回家要扣奖金的。"

"那你躺在板凳上干什么？"

"我这叫'一不做，二不休'。"

"一不做，二不休"的成语是表示决心的，这位工人歪解这一成语，诙谐成趣，令人好笑。

张小姐在海上见到男友与别的女孩在一起，状甚亲昵。

第二天见到男友便气冲冲地质问："你……想不到你竟是喜新厌旧的人，说：昨天那个女的是谁？"

男友急忙辩解道："你误会啦！我哪会是这种人，你才是新的，她是旧的！"

男友将"喜新厌旧"拆成"你才是新的，她是旧的！"造成张冠李戴的幽默效果。

老师：你解释一下什么是热胀冷缩？

学生：暑假长、寒假短。

"热胀冷缩"本来是用来解物理现象的，而这学生却歪解其意，将其挪用到寒暑假时间上。荒谬可笑，却不乏幽默。

## 原来剃头那么难

弗洛伊德说："当一个人完全感觉不到抑制的时候，他就会出现天真。当我们听到天真的言辞，抑制的作用就会骤然解除，从而产生笑。"

心照不宣的假痴假呆能构成幽默，但这并不是说真痴真呆就不可能有喜剧性的意味。恰恰相反，在古今中外的许多经典性喜剧文学作品中，大部分主人公都是真痴真呆。从塞万提斯的《唐·吉诃德》到莎士比亚的《仲夏夜之梦》，从《西游记》中的猪八戒到民间传说中的程咬金，都是真诚地迷谬不悟的，他们不是故作蠢言，自我调侃，而是以谬为真，以愚为旨的。这些传说中的人物形象的动人之处不是他们的愚而执着，而是他们的一片天真。

①有位书呆子一天早上起来，问家中的使女说：“你昨天夜晚梦见我了吗?”使女说：“没有。”书呆子大为光火说道：“我在梦中分明见到你，你赖什么?”他还跑到自己母亲那里去告状说：“傻女该打，我昨夜明明梦见她，她偏死不承认梦见我，真是岂有此理!”

②有一个卖鹅的，因要出恭，把鹅放在地上去登厕。有人以鸭子把鹅换去了。这人从厕所里出来大为惊叹：“很奇怪，才一会儿不见，鹅就饿得这么又黑又瘦了。”

常理与常识是人际交往中不言自明的前提，而在以上两则故事中则成了矛盾的焦点，书呆子不知“梦”中真假。卖鹅人不辨鹅鸭，但读者是有此常识的。因而幽默效果油然而生。

假痴假呆，故作蠢言之所以可笑，是因为双方明知其谬误，却仍有真痴真呆的蠢言愚行，它主要用于自我调侃，而真痴真呆则用以讽喻他人，让他在常识和常理中说显而易见的蠢言。真痴真呆之趣除了属天真烂漫的范畴以外，还有一种自我暴露性质的。

下面有两则小故事。

①兄弟二人攒钱买了一双靴子，其兄常穿之，其弟觉得吃亏，待其兄夜间睡了，便穿上到处行走，遂将靴穿烂。其兄说：“我们再出钱来买一双。”其弟说：“买来靴子会误我睡觉。”

②一个剃头匠初学剃头每刀伤一处，则以一手指掩盖之，后来刀伤越来越多，不胜其烦，就感叹起来：“原来剃头这么难，须得千手观音才好。”

以上两个故事的终点把小小的毛病的后果夸张到异乎寻常的极端上去，以致带有明显的虚幻性，读者只顾欣赏其虚幻性的可笑、可叹。对后果的可信任性没有任何疑虑，因而幽默也就产生了。

假痴假呆的自我调侃和真痴真呆的自我暴露，都属轻喜剧范畴，即使有所讽喻，其间敌意很少而好意很多。

在人际交往中，用这两种方法对付朋友或斗智的对手，走火的风险最小。

## 绝 招

双关幽默是我们中国人自古以来的幽默形式，也是我们中国人的幽默特色。它利用词语的多义现象有意使其具有双重含义，达到言在此而意在彼的表达效果。

双关法的最大妙处在于，你听着似乎觉得我在说我，或说其他，但你听得出来，实际是在说你。这样，说者处于主动的位置，任意地指桑骂槐，而你却抓不着明显的借口去反击，只有承受、听、想，理智地或进或退。

人们在生产实践，社会活动和科学研究中，为了保证思路的一贯，所使用的概念必须统一，不能朦胧模糊，不能任意转换。不然，人与人之间的交流，不论是书面的还是口头的都无法深入下去。所以，人们为防止概念被转移，都得一是一，二是二，不能是一，又是二。

然而，幽默却可以是一又是二，它可以超越通常的理性逻辑规范，可以因概念转移而提高其价值。为了方便于概念转移，有幽默感的人专在那些界限比较模糊的概念上做手脚，达到语意双关的效果。

双关幽默一个明显的特点是同一个概念中包含着两种不同的意思。即最后出现两种概念并存，一个意思在外，一个意思在内。它与一般的概念偷换不同，在一般的概念偷换中，行文过程被偷换的概念逐渐消失，而另一概念成为主体，最终只有一个意思起作用。如：

甲：我求你一件事，你能为我保密吗？

乙：当然可以。

甲：近来我手头有点紧，你能借给我些钱吗？

乙：不必担心，我就当没听见。

这里乙的最后答复把“借钱”的要求偷换为保密的要求，表面上他同意保密，而且在程度上还强化了，没听见，自然不会传播出去，但实际上他是对借钱的要求只当没听见，因而也就不会借。

而一语双关则有异于此，有时两种概念最后并存。例如中国古代有一个笑话：

有对夫妻急于要两个儿子，在生下第二个女儿时，便把她取名为“招弟”。第二年又生了一个女儿，便取名为“再招”。第三年仍生女儿，他们仍不死心就取名为“又招”。第四年还是生女儿，他们不得不认命了，只得将这个最小的女儿取名为——“绝招”。

这里的“绝招”，有两个意思。第一个意思是终止再招的意思，第二个意思是拿手好戏的意思。这两个意思同时并存，互相冲突，才显出了轻喜剧的幽默意味，终止再招是终于认输的结果，而“绝招”恰恰是得意之作的意思，二者结合在一起便使“绝招”带上了反语的色彩。格外显出重男轻女者无可奈何哭笑不得的心态。

在一语双关中，我们的任务是找到一个能容纳不同意思的概念，而且要让两个概念在具体上下文中同时显现。

如果最后这双重意思是互相抵牾的，那么其喜剧色彩就更浓，幽默感就强。如果双重意思并不互相抵触，而是可以和平共处的，则喜剧性就微妙些。但不管两者是否冲突，均以互相不协调为止。

幽默感是与显而易见的刻薄不相容的，幽默家应该把对人的贬义淡化。一语双关提供了另一重语义把你的攻击锋芒掩盖起来，使你的智慧情感和人格得以升华。

# 把我也吊上吧

幽默中所用的“夸张”与修辞格的夸张有点不同，主要是指讲话者把自己的经历或能力或所见所闻用令人吃惊的语言渲染，吹嘘到离奇怪诞乃至荒唐的程度。

有人去酒店打酒，觉得酒酸，不想要，店主很恼火，就把他吊在梁上。又有一人来打酒，问上吊那人的原因，店主说了。这个人说：“让我尝尝！”完了，他皱眉对店主说：“你把我也吊上吧！”

运用夸张吹牛，往往神侃海吹，笑痛肚皮。

等车的时候，三个旅游者聚在一起吹嘘他们本国的火车跑得快。

法国人说：“在我国，火车快极了，路旁的电线杆看起来就像花园中的栅栏一样。”

英国人接着说：“我们国家的火车真是太快了！得往车轮上不断泼水，不然的话，车轮就会熔化。”

“那有什么了不起！”美国人不以为然地说：“有一次我在国内旅行，女儿到车站送我。汽笛一响，我忙探出窗口吻我的女儿，不料却吻了离车站六英尺远的农夫。”

运用此法的关键是：穷尽想象之能事，极力夸大想象，离现实越远，越荒诞，越离奇，幽默感越强，越引人发笑。放飞想象的翅膀，大胆夸张，随时随地，你都可应用自如，博得一乐。

# 外面有一千只鸭子找您

学者们认为："凡喻必非类"，而且本体同喻体离得越远越能起到幽默说笑的效果。比喻是导致幽默的重要方法，其主要功能是造成语言的形象性。让人感到别致，出乎意外，荒诞离奇的比喻是导致幽默滑稽的最佳材料。

奇特的比喻，让人感到特别致，出乎意外，给人以幽默滑稽之感。

有两家吵架，一人问旁观者吵架的经过，旁观者不愿带上自己的主观评判，得罪任何一方，于是他急中生智，如是说："先是'女子单打'，接着是'男子单打'，最后孩子们也都参战，是'团体赛'。经邻居们的百般劝说，这才收兵。"

这样，旁观者不仅避免了烦琐的吵架过程的叙述，而且比直言为"先是两家女主人对骂，然后男主人对骂，最后两家的孩子们都来帮忙"的叙述更具情趣。

用比喻进行幽默贵在"奇"字。首先喻体应是新奇的或奇特的，通常为接受者心理上所未曾预料或难以想到者。本体一般是被玩或被讽刺的对象，或者至少是非严肃非神圣不可侵犯的事物。在喻体的奇特之下，本体的某种特征得到十倍、百倍，甚至千倍的放大，这当然就很容易令人发笑了。

用比喻幽默要自然得体，不露痕，给人以天衣无缝之感，方可令人解颐。

老师对吵闹不休的女学生说："你们叽叽喳喳、简直胡闹。一个女孩相当于五百只鸭子。”

不久，一名女生在外面报告，“老师，外面有一千只鸭子找您。”老师莫名其妙，出去一看，原来是自己的妻子和女儿。

当然，生活中也有比喻运用失当的时候，下面的情书即是。

一位年轻的厨师给女友写情书：

亲爱的，无论在煮菜或炒菜的时候，我都想念你！你简直就像味精那样少不得。看见蘑菇，就想起你的圆眼睛；看见猪肺，就想起你红润、柔软的面颊；看见鹅掌，就想起你那纤长的手指；看见豆芽，就想起你的腰肢。你就是我的围裙，不能没有你。答应嫁给我吧，我的亲爱的味精。我会像侍候熊掌般地伺候你……

小伙子想用比喻来幽默，结果弄巧成拙，丑化了意欲美化的对象，自然事与愿违。但仍然笑意无穷，不妨一引。

## 家没有论斤两的啊

同音异义是一种典型的戏弄、调笑的言辞，如果安排得当、运用巧妙，便可以变幻出许多色彩纷呈，诙谐有趣的楹联、诗词以至文章来。

明朝洪武年间，江西出了一个全国知名的才子，名叫解缙。据说他 4 岁的时候，有一天在街上玩耍，不慎跌倒在地，引起人们的哄堂大笑，他爬起来便念了四句诗：“细雨绸缪，砖街滑似油。凤凰跌在地，笑杀一群牛。”他长大中举后，任翰林学士，可是朝廷里有几个老臣却对他不服气，总想找机会教训教训这个年轻人。在一次宴会上，有个上年纪的大臣出了一句上联，并指名要解缙对出下联，这句上联是：

二猿断木深山中，小猴子也会对锯？

解缙知道，这老臣是想让自己当众出丑。因为上联表面上是说小猴子对锯，但“对锯”与“对句”谐音，自己如果对上了，等于承认自己是小猴子；如果对不上，他们又会说早怀疑小猴子不能对句了。解缙当然不肯服输受辱，他稍加思索，便针锋相对的对出了下联：

一马陷足污泥里，老畜生怎能出蹄！

下联讲的也是动物，“出蹄”与“出题”谐音。以此影射出联的大臣是“老畜生”。所以解缙的下联刚一出口，立刻引得在座的人哄堂大笑，那个老臣臊得面红耳赤，狼狈不堪。

生活中，很多场合由于同音词或是听不明白，或是理解错误，无意中套上了另一个同音异义词，由此引出笑话。如下例：

顾客：“请问这里有巴金的《家》吗？”

店员：“这是书店，不是居民区。再说家也没有论斤两的呀！”

由于音同，再加上店员的无知，造成“巴金”与“八斤”、“《家》”与“家”两相干涉，滑稽可笑。

## 谨奉琵琶

知识贫乏者一般是人们取笑的对象，他们对错别字的运用而产生的笑语也是舞台表演的重要取材来源。

有一则笑话《我一定刎你》：

女儿：我的男朋友变心了，他要杀我。

母亲：他出差还没有回来，你怎么知道？

女儿：他在信上写的。

母亲：怎么说？

女儿：他说，“见面时，我一定刎你。”

之所以闹出这样大的误会，就是因为写了错字，把“吻”写成了“刎”，故构成了笑话。

《古今文人轶事》里有个写别字的故事：

明朝时，有个官吏叫袁太冲，很喜欢吃枇杷。有一年，袁太冲过生日，女婿为了巴结岳父，就准备了一筐枇杷送去。

袁太冲的女婿平时喜欢自吹，实际上功底并不厚。在给岳父的礼帖中竟写着“无甚孝敬，谨奉琵琶一筐”的话。

袁太冲有个老朋友叫莫延韩，是个读书人，喜欢舞笔弄墨，又爱诙谐打趣。他看到帖子上“谨奉琵琶”的字样，以为这是乐器琵琶，可是揭开筐子一看，却是一筐枇杷果！这时，莫延韩心里好笑，诗兴油然而生，就顺手在礼贴上写道：

琵琶不是这枇杷，
只因主人识字差。
若是琵琶能结果，
满城弦管尽开花。

袁太冲的女婿看后，羞得满脸通红，饭也不吃了，酒也不喝了，偷偷溜了回去。

袁太冲的女婿由于把“枇杷”写成了别字“琵琶”由此遭到了莫延韩的嘲笑，故构成了笑话。

知识贫乏者一般是人们取笑的对象，他们对错别字的运用而产生的笑语也是舞台表演的重要取材来源。有一则小品中有这么一段：

女：亏你还是一个戴着军微的军人，对待恋爱不能有始有终。

男：谁说的？

女：你看你现在，跟我说话老是心不在马。

男：还有呢？

女：以前你待我好，现在对我总是吹毛求此，有时是肆无忘惮，什么也不管。

……

这位小姐也真可怜，好端端的一些词语经她一说怪别扭的。她把“军徽”“心不在焉”“吹毛求疵”“肆无忌惮”都给弄错了，如此知识贫乏，如何能赢得爱情？

## 今日难过淡薄年

强行拆词也好，硬性合词也罢，此法的关键在“新”，以猎“新”取胜。不管你是否拆得合理，合得恰当，因为幽默中拆词，合词不必考虑思维常规与言语规则习惯，拆得越离谱，合得越别扭，幽默感越强。

有这样一则小幽默：

牛得草，原名牛俊国，著名豫剧表演艺术家，据记载，有一次，牛俊国与戏迷李春芬聊天，请李先生为自己起个艺名，李先生说：“姓侯的，有叫侯得山的，姓于的，有叫于得水的；姓朱的，有叫朱得康（糠）的，你姓牛，就叫牛得草吧。”

牛俊国很高兴，当下改名为牛得草，字“料足”，别号“饮水”。

这是一类拆词起名的方法，重新搭配后字面活泼，幽默生趣，别具新意。

故意将词素重新结合，构成新的意境，使幽默产生。

从前，有个名叫覃老四的人，靠着祖上留下万贯家财，过着富裕的生活，但他好意恶劳，懒惰成性，父母一死，就把家当挥霍光了。

春节到了，人家都高兴地杀猪宰羊，办年货。可覃老四穷得无隔夜粮，他打肿脸充胖子，在覃家门上贴一副对联：“行节约事，过淡薄年”。

人们见了对联，不禁哈哈大笑，有人在他的对联上提笔各添三个字，便成了“过去懒行节约事，今日难过淡薄年”！

还有一类虽无故事所讲，但词素运用巧妙，同样幽默好笑。

如郭沫若先生在《我的童年》中写道：“他写些古而怪之怪而古之的奇字，用些颠而倒之，倒而颠之的奇句。”按汉语格式，“古怪”“颠倒”是不能拆开使用的，而作者在特定的环境里把它拆开，起到了轻松活泼、幽默有趣的作用。

可见，词语拆得巧，合得妙，同样能收到幽默的效果。

## 我赞成他也赞成你怎么样

停顿是指语句或词语之间声音上的间歇。

停顿有区别意义的作用，像下面一段文字：

“我赞成他也赞成你怎么样?”

可以因停顿位置的差异而有不同的理解:“我赞成他,也赞成你,怎么样?”和“我赞成,他也赞成,你怎么样?”

停顿要按照语境的规定进行,如果故意在不该停的地方停,会产生怪异而导致笑料。

民间曾流传一个这样的故事:

有一秀才想捉弄一财主,过年时,他设计了一段“吉利”话送给财主。他是这样说的:“养猪头头象,老鼠只只死,酿酒坛坛好,造醋缸缸酸。”财主听了,满心欢喜。有一明白人告诉财主,这话很难听,说着念了起来:“养猪头头像老鼠,只只死;酿酒坛坛好造醋,缸缸酸。”与秀才的意思相反,财主气得七窍生烟。

再看一例:

从前,有一家人家,因为连年遭受官司,弄得全家都很苦恼。这年除夕晚上,父亲对两个儿子说:“明天就是大年初一,咱们爷儿仨想几句吉利话,写到纸缸上贴起来,盼望明年来个好运气,免得再吃官司。”

两个儿子都很赞同,便请父亲先讲。父亲想了想说:“今年好。”

大儿子说:“霉气少。”

二儿子说:“不得打官司。”

父亲又说:“喂猪长成象。”

两个儿子齐声说:“老鼠死个净。”

爷儿仨就这样一共凑了二十一个字。用红纸写了一幅长条,也没加标点符号便贴在了中堂上。

大年初一的早晨,他家的女婿头一个来拜年。一进屋子,看见中堂上贴的长条,上面写着一行没加标点的大字,便高声朗诵起来:

“今年好霉气，

少不得打官司，

喂猪长成像老鼠，

死个净。”

以上两例中，秀才和女婿都用语音的不同停顿，使语义产生不同，前者戏弄了财主，后者却与原本过年求吉利话构成强烈反差，构成了笑话。

运用此法的前提是一句包含二义，可以通过停顿使意义明确。

## 都有一颗为私的心

所谓“仿拟”，就是选用一种人所共知的词、语、句、调，篇及语句格式加以走样的改编。它主要借助于某种违背正常逻辑的想象和联想，把适用于某种环境、现象的词语用于另一种截然不同的新的环境和现象之中，产生一种新鲜、奇异、生动的感觉。

仿拟主要可分为三种类型，即仿词，仿句、仿篇。

仿词是把合成词或成语中的某个语素换成意义相反、相对或相关的语素，从而临时仿造出一个“新”的词语。

乙：你不会跳舞？

甲：我会跳六。（侯宝林《给你道喜》）

电影演员陈述曾说过这样一段话：“因为我会英语，在三年困难时期，我偶尔到宾馆当义务翻译，帮点忙。结果在‘文革’中背了一个罪名是‘企图里通外国’。其实我是想‘里通肚肠’，因为我不取分文，宾馆只招待我吃饭……”

第一例中将“舞”谐音成“五”再按其顺序仿造一个“跳六”来，风趣地否定了自己会跳舞。第二例中陈述模仿成语“里通外国”造成“里通肚肠”，两相对照，反差极大，听罢让人捧腹大笑。

仿篇，即仿拟文学宝库中的名篇佳作，尤其是一些短小精悍的诗文，全篇套用其句式，语气和表达格调，以表达出新的思想内容，“旧瓶装新酒”就会与人们耳熟能详的原诗文大不相同，显得很不协调，从而构成具有深刻教育意义或讽刺意义的幽默作品。例如，有人仿《春晓》作了一首诗：

春眠不觉晓，上班伸懒腰。

夜来麻将声，输赢知多少。

运用仿拟法应注意：要仿拟久已流行、为大众所喜闻乐见的语言形式，要尽可能简练精悍，且特征明显，让人一听就明白；要防止生吞活剥，机械模仿，仿拟的作品要与“原型”形成较大反差和对照，从而透露强烈的幽默情趣来。

下面是仿拟歌词的一个例子：

我家的表叔数不清，没有私事不登门。虽说是亲眷，也有生人，可他比办公还热心，……都有一颗为私的心。

## 我粉碎了每一个障碍

词序、语序是词语在语句里的排列顺序，是汉语组词成句，区别意义的两种最重要的手段。故意调换词序、语序的位置，改变对方所传达出来的意义，可以产生意想不到的幽默效果。

语词颠倒主要是指颠倒词序和语序两种情况。

词序颠倒是指调动字、词在句中的位置，使句意逆转。如：

曾国藩和太平军作战时，一连几次大败，自己也几乎被太平军杀死。根据规定，他必须按时向皇上汇报战况。无奈之下，他只好如实地写自己“屡战屡败”。一位师爷看到了，觉得不妥，提笔改成“屡败屡战”。曾国藩一瞧，顿时明白过来，他知道“屡战屡败”显得自己昏庸无能：“屡败屡战”却表现了一种英勇顽强的精神。为此，曾国藩将大师爷大大赞扬了一番。

“屡败屡战”强调的是“战”，表现的是一种奋勇拼搏，能经受住失败的打击，屡次重整旗鼓的积极向上的精神，展示出来的是一支勇往直前的军队。“屡战屡败”强调的是“败”。展示出来的是一支不堪一击的军队。“败”与“战”虽然只是两个字的位置的细微调换，可传达出来的感情与意义却截然相反。

有一个牙刷的推销员打着“包不脱毛”的牌子去推销他的产品。

有个顾客从推销员那买了一把牙刷，刚一用。毛便“稀里哗啦”脱了一大半，顾客很气愤，跑到推销员那里去评理。

只见推销员指着牌子从右到左开始念：“看清楚了吗，我不是明明写着‘毛脱不包’吗?”

推销员将“包不脱毛”几个字完全颠倒过来念，便使意思来了个180°的直转弯，将责任推销得干干净净。但这种纯功利性质的推销术运用到现实生活中就不是幽默而是欺骗，因为它是以损害顾客的利益为前提的。

语序颠倒是指颠倒句子中主语、宾语、状语、定语、补语等句法，语法的顺序，使句意变化。下面我们通过一些生动的事例对这种方法加以说明。

有人询问巴尔扎克：

“您是怎样写出那么多宏伟的作品的？”

巴尔扎克耸了肩头，把手杖递给别人，别人在他的手杖上看到刻着这么一句话：

“我粉碎了每一个障碍。”

后来，奥地利的颓废作家弗朗茨·卡夫卡也曾用过这句话，只是颠倒了话中的主语和宾语：“每一个障碍粉碎了我。”

前者，“我”是“粉碎”这一动作的施事者，表现出一种积极进取的精神面貌，以成功者的姿态出现；后者“我”是“粉碎”的受事者，表现出的满是沮丧与颓废。例中，卡夫卡借用巴尔扎克的话，调换主语与宾语的位置，幽默风趣地将自己与巴尔扎克的写作风格区分开来。

苏联卫国战争结束不久，有一次，斯大林到剧院看演出，扮演斯大林的演员演得十分出色，斯大林向他表示热烈的祝贺，并说：“你演得真好，我真像你呀！”

是斯大林像演员呢，还是演员演得像斯大林呢？斯大林不说“您真像我”，而说“我真像你”，这既表现出斯大林谦虚诚恳、平易近人的精神，同时又构成了幽默。

颠倒语序、词序，可以化解窘境，熄火降温。

生活中，这种颠倒词序，语序的现象也很多。如有人去副食品店买菜，对售货员说“咸带鱼你给我称三斤。”这里将“宾语”“咸带鱼”提前，变成了“你”的同位语，容易造成误会，产生笑话或幽默。只要我们注意收集生活中的笑料，经常实践，定能应用自如，创造富有情调的幽默生活。

# 现在“难过”结束

修辞上所说的“正白法”，即利用普通人物讲话中的错误来表现其可笑之处。“正白法”包括“语音正白”“文字正白”“语法正白”“逻辑正白”等。

不学无术的陈阿大，有次做报告，丑态百出，他将秘书起草的发言稿“我们要大干、苦干加巧干”中的“巧干”念成了“23干”。台下哄堂大笑。陈阿大竟信口发挥道：“23干是新生事物，什么叫巧干，就是12分的力量，12分不够，还要加一倍——24分，留有余地——23分……”会后，陈对秘书说：“你的稿子写得不错，就是忘了解释什么是23干。幸亏我补上了。”

陈阿大误将“巧干”读成“23干”，已走向错误的第一步，然后又信口开河，错误地解释“23干”，最后对自己的荒谬竟一无所知，表现得那样真诚，怎不让人生笑？

其实，这就是修辞上所说的“正白法”，即利用普通人物讲话中的错误来表现其可笑之处。“正白法”包括“语音正白”“文字正白”“语法正白”“逻辑正白”等。

语音正白即描述口语交际活动中各种不准确的语言，如方言、口吃、咬舌、口头禅等。《红楼梦》第二十四回就写了史湘云咬舌把“二哥哥”叫作“爱哥哥”的情形。成为典型例证。又如：

以前，有个人花钱买了个官做，上任不久去拜见上司，上司问：“贵县风土何如？”捐官答：“并无大风，更少尘土。”问：“百姓如何?”“白杏不多，红杏倒不少。”上司见他答非所问，便说：“我问的是黎庶。”捐官说：“梨树甚多，结果甚少。”上司气愤道：“我问的是小民。”捐官忙回答：“卑职小名狗儿。”

上例利用谐音正白，对不学无术的捐官进行了嘲讽，读来令人忍俊不禁。

文字正白即描述文字使用上的错误。可分为两种情形，一种是照录书写或认读错误的字，一种是由同音造成的文字正白。前者见于书面交际中，后者常见于口语交际中。例：

词语正白即照录运用错误的词语。下面我们看看刚学造句的小明所造的句子：

难过——我家门前的大水沟很难过。

如果——罐头不如果汁营养丰富。

天真——今天真热，是游泳的好日子。

十分——妹妹的数学考十分，真丢脸。

从容——我做事情，都是从容易的做起。

小明把一个词活生生拆开使用或按字面意思使用，可笑之至。

句子正白是照录表意完全错误的句子。语法正白即照录违反汉语语法的组词造句结构规律的语言现象。逻辑正白即主要描述其语言中违反逻辑的错误，或暴露其事理不通的无知妄言，或描述其敷衍塞责地扯淡。

正白之所以引人发笑，在于表达者的不懂装懂，似懂非懂，对意义进行错误的理解与错误的发挥。

追悼会开始了，主持人竟宣布“现在‘难过’三分钟”。原来，他一时想不到“默哀”这个词了，就随手拈了个“难过”来代替一下。三分钟眼看快快过去，他还是想不起来。哀乐终于停止了，他只得宣布：“现在‘难过’结束”。

运用“正白法”要恰当合理，要注意使用对象，因为它往往内容讥讽，意向所指，如果歪打正着听众某些缺陷，势必产生误会，另外要符合出错的规律，不能太离谱，否则笑意全无，表达尴尬难耐。

正白往往产生于知识贫乏、理解错误之上。因此主人公往往是文化层较低者、可能是不了解内情者，也可能是小孩。

潘新科死了父亲。出殡之日，他和妻子池潘氏跪在灵前，听道士读祭文。

这个道士不大识字，念到“潘新科”时，三个字全不认识，只得按“有边读边”法念道：

“孝子番斤斗。”

“孝子”一听，心想：“怎么？我还得‘翻斤斗？’有这规矩么？”这时，道士又念道：

“孝子——番斤斗！”

潘新科无奈，只好翻起斤斗来。

该念孝媳池潘氏了，道士“池”字也不认识，只好念偏旁：

“孝媳——也番！”

这是由道士不识字，主观臆测，擅作聪明，采用拆字法，读汉字半边弄出的笑话。

据说一个外国人在北京学习汉语。一日忽然对老师说：“贵国的民族自豪感宣传极好，只是用语过于单调。到处都是‘中国人民很行’‘中国农业很行’‘中国建设很行’。”老师解释说：“你看得不仔细，那是‘银行’！”

这是由外国人不了解中国国情所产生的“文字正白”。

# 铺盖里面有什么东西呢

俏皮话有两种，一种是显示童心的俏皮话，是由儿童的天真无邪造成的。这种话一般只有小孩子才容易说得出来。如：

①爸爸：你说数字里五大还是三大？

孩子：你这也不懂，当然是五比三大。

爸爸：我是老五，既然五比三大，我怎么还叫他三哥呢？

②爸爸：孩子，你会不会背唐诗？

孩子：窗前明月光，疑是地上霜。

爸爸：你知道是什么意思吗？

孩子：我想诗人肯定是个近视眼，不然怎么会把“明月光”看成是“地上霜”呢?!

③老师发现一个学生不能把外来语“毛绒”译出来，便试图启发他。

“你家里有床吗？”老师问。

“当然有啦！”学生答。

“床上有铺盖吗？”

“这还用问！”

“铺盖里面有什么东西呢？”

“臭虫！”学生兴奋地回答。

如此俏皮话也只有小孩才说得出来。

歇后语是汉语语词的一种独特的表现方法，它经过千锤百炼已在广大读者心中生根。它本身就很滑稽，巧借就更上一层楼了！

一位教师讲完了秦、赵长平之战后，讥讽地说："赵括纸上谈兵，惨败长平，真是'腰里别着死耗子——冒充打猎的。'"这句歇后语的前一部分仅有七个字，却想象奇特，勾画出一幅滑稽幽默的图画；后一部分点明意义，无情地讽刺了像赵括那样没有真本事却又冒充有本事的人。整句歇后语充满了幽默与讥讽的意味，令人发笑，引人深思。

歇后语通常由两部分组成，前半部分是比方，后半部分是对比方的解释。在一些带有批评性质的幽默里，一般只把歇后语的前半部分说出来，把后半部分剪去，让被批评者去捉摸体会。比如用"麦秆吹水"形容对方小气；用"冬瓜做帽子"，暗指这个人"滑头滑脑"；用"下雨天出太阳"，影射别人假晴（情）假义，用"和尚打伞"来批评某人无法无天，等等。语词生动形象，诙谐幽默。

## 我爱邻居邻爱我

对联即讲究对仗的内容相连的两句诗，一般有横批，以点明主题。采用对联进行幽默有两条途径，一是按照对联的形式与要求自创对联。

当然自创对联，要求比较高，首先必须自己对对联有一定的了解与把握，比对仗、押韵，要深谙此道，心中有数，临场性的即兴发挥难度更大。第二条途径是熟记一些典型的趣味横生的对联，等到要用时随时从记忆库中提取。这比自创对联来说要简单方便些。有人用"奇、巧、新、趣"四个字来概括对联的特点。"奇"即思路、用字、立意奇；"巧"即音谐、形似、双关巧："新"即少见、难得、形式新；"趣"即寓言，排比、结构趣。对联对语言的使用确实达到了高绝的地步。趣味无限。

古人是很善于运用对联的，有个穷秀才没法还债，在门首贴副对联。竟将讨债人“赶”跑了。他的对联是这样的：

年难过，今年更难过，得过且过：

债要还，是债都要还，……

看到这讨债人以为秀才态度基本上还是好的，似觉这回可能不会白跑，谁知再往下一看，是：

“有还才还”。讨债人顿时傻了眼，连门也没进，口也没开，走了。

湛江德邻里有副对联：“我爱邻居邻爱我，鱼伴水活水伴鱼。”对联运用回环，可以顺读倒读，堪称一绝。

清末广州有个滑稽大师何淡如，一天他去雨龙墟看扒龙船，有人请他为戏棚写一副对联，何淡如挥笔写就：

扒扒扒，扒扒扒，扒扒扒，扒倒龙门三级浪；

唱唱唱，唱唱唱，唱唱唱，唱出仙姬七姐歌。

上联通过十个“扒”字，下联通过十个“唱”字的迭现，把这边越扒越起劲，那边越唱越动听的赛龙船的热闹景象点画得惟妙惟肖。

这里还有一则讽刺湖南常宁县恶霸谷道生的对联，利用的是拆字法作联，幽默生趣，对联是这样的：

道去走之旁，空悬其首；

生减下一横，即变为牛。

## 杀不死，乐而乐……

朋友，你们听过《“酒”与“九”》的笑话吗？

从前，有一个地主对新雇的长工说：“一月工钱我给你银子一两九。”等到长工辛辛苦苦地干了一个月，向地主要工钱时，地主递给他的却是一杯酒。长工一看便说：“我不会喝酒，你给工钱吧！”地主说：“咱俩说定的是一月一两酒，这杯酒足有一两啊！”长工一听，知道受了暗算，心想：“老狗，你等着吧！”

过了几个月，到了秋收季节，长工对地主说：“我去撒一两麦种吧。”地主说：“几十亩地撒一两怎么够？”长工说：“那么就撒三百九十九斤吧。”“行！行！”地主满意地回答。

又过了两个月，一天，地主经过自己的麦地，看见麦地里半根麦苗也没长出来，就怒气冲冲地去找长工。长工捧出空酒坛说：“咱俩说定的，要撒三百九十九斤酒的，这酒窖的酒正好洒完！”

酒没了，地荒了，地主气得抽风了。

地主原想利用“九”和“酒”的语音相同的条件，让“九”和“酒”构成谐音双关，明指“九”，实指“酒”，以达到暗算长工，赖掉工钱的目的，想不到长工利用同样的手段报复了地主，故构成了笑话。

数字本是灰色的、枯燥的，但由于数字与一些实词谐音，如“8”与“发”，“9”与“酒”“久”，“0”与“您”，“5”与“吾”，“3”与“生”，“2”与“爱”等谐音。运用数字的这一特点可以把没有实在意义的数字翻玩游戏，变抽象为形象变死板为生动活泼，从简单的“1，2，3，4”上找乐子。

一位女士在向一位男士表白时，如是说：“530，520，1314520，”她巧妙的利用数字的谐音“我想您”“我爱您”“一生一世我爱您”，曲折地表达了自己的爱慕之情，而又避免了难于启齿的尴尬。

运用数字的这一特点，可以把没有实在意义的数字运用谐音文字来记忆，生动有趣。如圆周率本是3.14159265358979323846 26……可以用谐音诗来记，朗朗上口，非常好记。

山巅一寺一壶酒，尔乐苦杀吾；把酒吃，酒杀尔；杀不死，乐而乐……

符号也可以传情达意。有些符号表达着比较单纯的含义，为人们通释，如“?”表示疑问语气，“!”表示感叹语气。但更多的符号表达的意义比较模糊，站在不同的角度有不同的理解。交际中，用符号代替不会或不便表达的意思，意味深远，幽默诙谐，宋代女诗人朱淑贞的词就是很好的例证：

新婚不久的朱淑贞，托人给丈夫带去一封圈儿信——这些圈儿有大有小，有双有单，有大套小的，有连环套的，还有半个的……

丈夫怎么也不懂这些圈儿的意思，后来才明白其真意：

相思欲寄无从寄，画个圈儿替。话在圈儿外，心在圆儿里。单圈是我，双圈是你。你心中有我，我心中有你。月缺了会圆，月圆了会缺。我密密如圈，你密密知我意。还有那说不尽的相思情，一路圈儿圈到底。

无限相思，不尽渴盼意，尽在这奇特的圈儿信里。仔细读来，真是妙趣横生，意味无尽。

这种方法在现实生活中也常被人运用，有一位小伙子喜欢写文章，投寄了一篇新创作的小说给杂志社，一直没有得到回音，他忍不住了，寄去了一封信，信上只有一个字“?”，很明显这是问编辑，他的稿件怎么样了，编辑也回了一个标点符号“!”意思是“不错”。

但由于“符号达意”不能直接以口语的形式表达出来，在人际交流中有诸多不便。一般很少采用，要用也得借助表情、动作等态势语向对方传递信息。

## 谁叫你们侮辱老师?

生活中，引起误会的情形很多，有些是语音方面的，有些是语义方面的，有些是行为方面的。方言俚语产生笑话，则是由语音隔阂，造成语义误解引起的。

请看方言俚语造成的笑话：

从前，有一个外地人在街上用方言吆喝卖豆腐："豆腐，豆腐。"有人听成了"斗虎！斗虎！"街上的人一听，胆小者惊慌地四处逃走了，胆大的围拢来问："哪里斗虎?"这时，又有外地小摊主高喊卖馒头："馒头，馒头！"人们又听成了"南头"，这些人就向南街跑去。来到南街，什么也没有。又遇到一个卖蒜者，用方言喊道："大蒜啦，大蒜啦！"围观者一听，大失所望："啊呀，打散了，打散了，多可惜！"

由于方言，致使"豆腐"与"斗虎"、"馒头"与"南头"、"大蒜"与"打散"相混，且环环相扣，给人误导，构成笑语。

语义方面引起的误会可以是因歧义引起的，也可能是由说话者本身表达不明确造成的。

一个年轻人常在街上行乞。一天，一位贵妇人对他说："你这么年轻，实在应该到工厂去。"

"我去过很多工厂，夫人。"乞丐说，"可他们什么也没给我。"

"到工厂去"有两种含义，两种含义分别被两人理解，造成语义误会，互不相协，幽默也就产生了。

行为方面引起的误会在生活当中就更多了。

一位老人对街上一些年轻人的穿着反感。他对身边站着的人大声说："看那位，不知是男是女?"

"女的，那是我女儿。"

老人抱歉地说："对不起，我不知道你是她母亲。"

这人厉声喊道："我是她父亲！"

生活中，如果我们利用误会技法来假装糊涂，调节气氛，能收到很好的幽默效果。

## 我们都是在同一天结婚的

事物的内容靠形式来表现，不同的事物可以有相同的表现形式。如果故意别解或曲解，用这种方式开玩笑，则可以产生幽默，令生活其乐无穷。

曲解人家动作行为所要表达的实际内容。例如，一个人低头看地，可以理解为他是在寻找东西，也可以理解为他头痛难忍；一个人抬头望天，可能是鼻子出血，也可能是在数星星。这种误解是由于动作行为的外在表现形式可以表达出多种内含，人们可以这个角度了解，也可以那个角度了解，正所谓，“横看成岭侧成峰，远近高低各不同。”

夜间，一先生与妻子看电视。广告时间，妻子到阳台上拿东西。“有贼！”忽然一声惊叫，妻子跑了过来，死死地抱住先生，浑身发抖。小偷仓皇逃走，看着妻子，先生说：“哦，亲爱的，你抓错了！”

妻子其实是因胆虚、害怕而紧紧抱住丈夫，而丈夫却将妻子“跑”过来“抱”的过程。误解成“捉小偷”的动作，故戏谑地说：“亲爱的，你抓错了！”借幽默轻松的笑来缓解妻子心头的胆怯与紧张。

误解对方的语言形式所要表达的实际内容。同一语言形式在不同的语境、不同的场合中有其特定的意义，如果我们无视特定语境中的语言所指的特定意义，用非此语境下的另一平常义代之，造成理解上的强烈反差，产生笑意。如：

英国兰开夏郡俱乐部登出："怎样使婚姻幸福"讨论会的海报。

海报上有这样一句话："你和你丈夫之间有什么共同之处？"

有人在这句话的下边加了一句："我们都是在同一天结婚的。"

这种牛头不对马嘴的回答，一般是表达者特意使然，表达了幽默心态，体现了机敏才智。

## 这不是菜，难道是肉不成

旁敲侧击是中国古代成语之一，主要用于军事。以后引申，用于方方面面。幽默方法借用这一成语，即不正面回答问题，通过绕弯子把观点引向曲折，出现意料不到的幽默效果。它与婉曲揭秘似乎在程度上有所区别，婉曲较含蓄得体，旁敲侧击要尖锐刻薄得多，是硬幽默的一种。

这里有一则曲意嘲讽主人吝啬的幽默，似乎技高一筹。

有一客人见主人招待他没有菜肴，便跟主人要来副眼镜，说视力不好使，带上眼镜后，大谢主人，称赞主人太破费，弄这么多菜。主人道："没什么菜呀，怎么说太破费？"客人曰："满桌都是，为何还说没有？"主人曰："菜在哪里？"客指盘内曰："这不是菜，难道是肉不成？"……

此则笑话，一波三折，客人嘲讽主人，手段高明，令人叫绝。"此菜"非"彼菜"，"菜"非"肉"，最后一语破的，揭露了主人的吝啬。

曲意嘲讽运用在生活中，一般有"含笑骂人"之功效。在清末吴趼人的《二十年目睹之怪现状》的谴责小说中，有许多旁敲侧击的寓言故事，此处我们摘引几段，看看其中的幽默效果。“看看幽默几百首，不会作幽也会欣。”

饥猫与饿虎相遇：

猫问：“你是吃人的，怎么饿成这个样子呢？”

虎答：“近来世风日下，没有一个像人的东西，所以无人可吃。但是，你吃鼠，世间无人，总不至于没有鼠吧？”

猫叹了口气说：“并非世上无鼠，而是鼠很多，近来，一班鼠辈会钻营，一个个都爬到高枝上去了。叫我如何去吃他。”

地藏王菩萨总是闭着眼，要每年七月三十日才张开眼。人问何以如此。

地藏王说：“人世间尽是卑鄙之事。叫我如何能看，不如闭了眼干净。”

狗最会媚人取宠，见穷人就咬。一日狗外出，遇见金钱豹，急忙上前献媚，金钱豹张口就咬，狗从一小洞逃命，叹道：“近来越遇上是有钱的，越要吃人。”

猴子一天偷得衣冠，穿戴起来，大摇大摆，招摇过市，群兽走避，一老猴见其嘴脸，笑着说，“大家别怕，他无非是个衣冠禽兽罢了。”

这几则幽默不仅好笑，而且入木三分，越嚼越有味。

运用旁敲侧击。直话曲说要尽量避开锋芒，说得含蓄风趣，这都需要临场应变的机智。只要我们在平常的实践中，注意灵活的应用，定能“熟能生巧，游刃有余”。

# 难道你要我走回来不成

语言里有些“极言”之辞，具明显的夸张意味，切切不可落到实处的。

“冷死了”“热死了”肯定都不是真死了；主人谦逊地说：“真对不起，今天一点菜也没有。”他（她）绝对不会只给你几个冷馒头的；外地人常感叹“这个城市尽是小偷”，他也无意于毁谤这城市里的好人，因而够不上诽谤罪。最麻烦的还有一个“白发三千丈”，如果我们是不折不扣的“现实主义者”，我们会生出许多奇想来，比如我们会猜想李白是不是吃了一种奇怪的生白发激素？他是不是从一开始就长白发？或者他是不是像盘古一样活了几百年？我们自然还会想到，如果李白站到泰山之巅，让那三千尺白发拖挂下来，一定可以造就世间第一人造瀑布。

所以，当某人说“冻死了，该回屋去暖和暖和了”，你若有兴致逗逗笑，便可装作一本正经的样子伸手去摸摸他的额头说：“似乎还略有点温度，尚未死彻底。”饭店服务员看到顾客从碗中挑出不少碎石，不好意思地说：“尽是沙子吧?”那顾客不紧不慢地说：“也有不少米饭。”这是最幽默的答语，比翻脸和吵架有意思得多。我们若是坐在旁边，还可以站出来作证：“真的，是有不少米饭。”如果说这话时有本事不笑则更妙。

运用虚词实解的关键是：死守原理，对概念进行直观解释，故作痴愚。

有一秀才进京赶考，来到市上买马。一卖主迎上前来推销马：“相公，我这匹马是千里马，一口气能跑千里，你买吗?”秀才摇头：“不行不行，这儿离城只有九百里，你马一口气就跑千里，难道要我走回来不成？不买了？”

这秀才简直痴愚得可爱，痴愚得无药可救，如果我们有此痴愚劲，此法便可运用自如。

## 我想承包你的全部爱情

柏格森认为，移置是滑稽致笑的一个重要方法，将某一思想的自然表达移置为另一笔调，即可得到滑稽效果。

相声《空城计》片段：

甲：诸葛亮当中一坐，前边是满营将官，他对当前敌人的活动进行了一系列的宏观分析！

乙：怎么分析的？

甲：诸葛亮说：“根据我们侦察的材料发现，以司马懿为首的反动军队，自祁山一带向我方蠕动，从他们的行动来看，很可能进犯街亭，进一步占据西城，其目的是要把西城作为大规模侵略汉中的跳板。我们知道，西城不但是通往后方的交通干线，也是极为重要的战略要地，街亭又是西城的桥头堡。因此，我们必须主动出击，把进犯的敌人一网打尽。”

这里，诸葛亮流利地使用现代汉语，今词古用，违反了言语交际规律，颇有谐趣。

将褒义词当作贬义词来使用。

甲：咱们厂长讲成绩没个完，对问题怎么一句也不谈啊？

乙：这就叫扬长避短。

"扬长避短"，本来是指干工作，办事情要发扬自己的长处，回避自己的短处。这是一个带有褒义的词，但在此例中，乙同志将其褒词贬用，曲解成"只讲自己的成绩，不讲自己的缺点"，故构成幽默。

无独有偶，在一则《80年代情话录》中，此种方法运用得更是引人入胜。

"我得到一则信息：你爱我，是吗?"

"这条信息反馈得真快!"

"这太好了！我……恨不得……恨不得承包……"

"承包什么?"

"承包你的全部爱情!"

"妈妈原来说由我自己做主的，就怕到时不给我落实政策。"

"我们不需要父母的赞助!"

"小声点！你的喉咙，立体声似的，又不是做广告，要搞得人人皆知!"

"不会有人听到的！这儿是公园最僻静的地带，是恋爱的特区。"

这里，把一些科技行业用语，移入日常情感语言中，调侃意味十分浓厚。

## 打错了

有一妇人在公园里一张长椅上坐下，四顾无人，便把腿伸直放在椅子上松弛一下。过了一会儿，一个乞丐走到她面前说道："相好的，一起散步如何?"

“你好大胆子，”妇人说，“我可不是那种勾三搭四的女人！”

“那么，”乞丐说，“你在我床上干什么？”

公园的椅子是公共财物，乞丐经常在这里睡觉，所以他以为这种椅子是自己的，这就是歪理。乞丐的语言并不幽默，却弄出了令人捧腹的大笑话。

理，是事物发展的必然规律，强词夺理，歪理诡辩，令人生厌，但如果是“认知失调”，在正儿八经的讲话结束时一反常态，冒出个歪理，出现意想不到的结果，便可产生幽默。

生活中，遇上强词夺理者，你该怎么办呢？最好的方法是用幽默的强词夺理，倒打一耙。这里有一则《打错了》的幽默可供我们欣赏与借鉴。

电影院的灯刚熄灭，一个小偷把手伸进了阿凡提的口袋，当即被阿凡提发现了：“喂，你怎么把手伸进我的口袋？”阿凡提问。

“我想掏烟，手伸错了，请原谅！”小偷回答。

“那没什么。”阿凡提平静地说。

过了一会儿，“啪”的一声，小偷脸上挨了一记重重的耳光。

“你怎么打人？”小偷摸着发热的脸说。

“啊，对不起，打错了，我脸上落了一只蚊子。”

阿凡提凭自己的聪明智慧，以歪击歪，以强词夺理反强词夺理，倒打一耙，令小偷有苦难言，白白地挨了一耳光。

## 在纽约谁也不以识我

什么是同枝异花呢？让我们先看发生在爱因斯坦身上的一件轶事。

爱因斯坦初到纽约，在大街上遇见一个朋友。这位朋友见他穿着一件旧大衣，就劝他更换一件新的。爱因斯坦回答说：“没有什么关系，在纽约谁也不认识我。”

后来，爱因斯坦名声大震，他仍然穿着那件旧大衣。这位朋友又劝他去买一件新的，爱因斯坦则说：“何必呢，现在，这里每个人都认识我了。”

爱因斯坦以不变应万变，同因并果，回答了朋友，丰富了生活，既表现了一代伟人甘于淡泊，不重衣着的俭朴精神，也表达出他愉快畅达的乐观情怀。

同是因为穿着旧衣服，友人劝他买件新的。爱因斯坦却回答了两种不同的结果因为“在纽约谁也不认识我”，穿旧衣服“没关系”；“每个人都认识我”穿什么衣服都无所谓。这就是同技异花。更具体一点就是说：同一件事情不同的人有不同的理解。两种理解本不可能同时存在，但却故意把它们同时串在一起，这就是幽默中的“同枝异花”。

西方有一则幽默故事：

主人对他的黑人侍仆说：“你去宰一只羊，把最好的给我们端上来。”

侍仆端来了羊舌。

第二天，主人又对这个侍仆说：“你再去宰一只羊，把最坏的给我们端来。”

侍仆端来的仍然是羊舌头。主人问他为什么，他说：

“说好，没有比舌头说的话更好的；说坏，没有比舌头说的话更坏的。”

同样是羊舌，本不可能既是最好的，又是最坏的，这两种完全矛盾的情况是不可能同时并存的。而这个侍仆却把它们巧妙地捏合到了一起，这是幽默的第一层，由互相矛盾的行为引起的；造成听众与主人相同的心理效应不可理解，好奇，想知道为什么。侍仆的释疑，是幽默的第二层，使听众恍然大悟，心里释然，于是便爆发出明白后的大笑。从这我们不难看出侍仆的智慧，他借舌头所说的话既有最好听的，也有最难听的，用以讽刺一种社会现实问题，幽默气氛也就产生了。

“同枝异花”的运用，在具体操作过程中的难点或关键点是，抓住事物的两面性、多面性，站在不同的角度理解事物，并把两种不同的结果安置在同一个语境，自然而不做作。这主要涉及一个思维的发散性与反应的敏捷性问题。如果我们能在较短的时间内从不同的角度思考同一个问题，得出不同的结果，这两种结果离得越远，最好是相悖的，互相矛盾的，幽默效果就越强。

## 回来的路费怎么办

有一小孩饿得直哭。父亲安慰他说：“你要吃什么？尽管告诉我，随便你要龙肝凤胆也好，都弄来给你吃。”孩子说：“那些我都不要，只要饭吃。”父亲骂道：“不懂事的家伙，只拣家里没有的要。”

这是言语行为的前后矛盾，父亲前面说“随便你要什么，都弄来”，后面却又说“不懂事，只拣家里没有的要”，开始安慰，后即大骂，形成鲜明反差，使矛盾更加突兀，可笑而逗人。

一对新婚夫妇争吵不休，妻子说：“我要跟你离婚。”说着收拾东西准备回娘家。“很好，亲爱的，车费在这里。”丈夫说。她接过钱数起来，突然说：“我回来的路费怎么办？”

本来，妻子宣告离婚，意味着一去不复返，可是又问回来的路费怎么办，说明还想回家，自相矛盾。这并非虚假的矛盾，而是真诚的，不由自主的内心表达。可以看得出来，天真的自相矛盾是一种幽默。

下一个例子更能说明这一点。

父与子在一起劈柴，父亲不慎伤了儿子的手，儿子破口大骂："老乌龟，你瞎眼啦！"孙子在一旁打抱不平，挺身大骂："贼种，父亲是随便骂的吗？"

这里，孙子情急之中不但直接骂了自己的父亲，还骂了自己父亲的父亲，言行不一致，目的与效果形成反差，本欲责备自己父亲的不是，却自己"铤而走险"与父亲的行为大同小异。幽默意味就在其中。

再看一例：

老杨探家回来，带了一大筐木瓜，送给喜欢吃木瓜的上司。上司很高兴，但假装推辞道："让你破费，真的过意不去。"老杨见上司高兴，心里十分喜悦，一时心花怒放："哪里，这东西便宜，在我们家乡都拿来喂猪。"

这则笑话幽默的原因主要是老杨激动时很自然地说漏了嘴，把刚拍响的马屁又破坏了，前功尽弃。

由于矛盾法有很强的表演性，所以利用此法幽默的最佳方式是实况展示，因此是即兴幽默中经常采用的一种主要的方法。生活中有很多利用矛盾技法构成的句子，为人喜闻乐见。如：

"什么都可没有，不能没有钱。"

"什么都应有，不能有病。"

## 谢谢诸位停止鼓掌

"逆向思维，"这几个字也许大家并不陌生，也许还非常熟悉，因为学习中，我们经常用它。可现实生活中，我们可能不太习惯于运用它。更不要说把它应用于幽默当中。那么什么是幽默中的“反向求因，逆常而行”呢？

我们先来看看下面几则例子：

甲：“你的戏演得真不错啊！当你离开舞台的时候，我亲眼看到观众都在热烈鼓掌。”

乙：“这是因为大家都知道我从此以后不再上台，我被开除了。”

是鼓掌，也可能是由于蹩脚的演出终于结束，这种可能极小。但是不能排除。即使你明知事实不一定如他所说，而是他的自我调侃，故意歪曲事实，你也不能不为他抓住了百分之一的可能性而惊异，特别是这种可能的理由与你通常习惯的完全相反，这就构成了与常理的反差，反差越是大，可笑的程度也越大。这种幽默方法要求在推理过程中善于钻空子，特别是往反面去钻空子。我们把它叫作反向求因法。

主人和朋友谈自己的狗：“这是一只十分出色的看家狗，任何人走近我这房子，它就会立即让我知道。”

朋友问道：“它一定叫得很厉害，不让生人走近吧！”

“当它飞快地钻进我沙发下面的时候，我就知道有人来了。”

这里用的方法仍然是反向求因。

有人来了，狗叫，通常是因为机警勇敢的狗在守卫门口，当主人在给朋友造成一种对常规因果关系的期待之后，突然往反向一转，原因恰恰是狗的胆怯。非常规的因果与常规因果之间反差是如此之强，怪异之感油然而生。

在生活中有某种常态，思维中有某种常理，人们的联想都为这种习惯了的常态和常理反复训练达到自动化的程度，以致一个结果出来，便会自动地联想到通常的原因。比如，一个演员在舞台上演出结束时，观众报以热烈的掌声，按常态和常理来说，这自然是因为表演得出色，观众满意。

生活中常态是占绝对优势的，但并非无例外，常理也并非滴水不漏。

有一次萧伯纳脊椎骨出了毛病，需要从脚跟上截一块骨头来补脊椎的缺损。手术做完以后，医生想多捞一点手术费，便说，“萧伯纳先生，这是我们从来没有做过的新手术啊！”萧伯纳笑道：“这好极了，请问你打算付我多少试验费呢？”

同样是新手术，医生以其新而引申出难，意在多索取报酬，而萧伯纳却把新引向了第一次试验，反过来说自己的身体成了试验品。

这则小故事妙就妙在萧伯纳抓住了“新”这一核心概念，偷换角度从相反方向引申，得出相反的因果关系。像这样的事例也很多。

几个人在一起聊天，话题谈到在座的人谁最怕老婆。其中有一位和尚说：“我最怕老婆。”众人大为惊讶，和尚笑道：“就是因为怕老婆，所以才不敢娶妻。”

一次，基辛格到某地演讲，受到了热烈欢迎，听众席上，掌声雷动。当掌声终于停下来后，基辛格说：“谢谢诸位，停止鼓掌。因为要我长时间表示谦虚，是件十分困难的事。”

以上两例，都运用了反向求因法，是属于纯粹调笑性的，有利于活跃气氛。

## 我是牙科医生

“暗示影射”也是幽默术中比较常用的一种方法。对一个事物表达自己的看法时，可以采用多种表达形式，有直说式，即简洁明白，直截了当地说出，不拐弯抹角；有反说式，即从完全相反的角度，以反语的形式表达自己的观点或看法，一般多用于嘲讽；直说式太过于明了，透明度太高，因而也就平淡无奇无多少幽默感；而反说式却过于尖刻，攻击性太强，一般场合不宜采用。暗示影射法收敛了反说式的锋芒，克服了直说式的淡而无味，婉转达意，点到即止。“余音绕梁三日”，让人回味无穷，故而颇受幽默青睐。

我们的先人常常运用这种暗示的方法，创造并留下一个个令人发笑的故事。

刘镛是乾隆的宠臣。一天，刘镛问乾隆：“陛下，今年尊庚多大？”

乾隆回答说：“今年四十五岁，属马的。你呢？”

刘镛回答说：“臣也四十五岁，属驴的。”

乾隆感到惊奇，说：“同样的岁数，朕属马，爱卿怎么属驴呢？”

刘镛垂手回答说：“万岁属马，臣怎能同属，只好属驴了。”

在现代社会里，用暗示影射的事例更是比比皆是。

某先生做错了一件事，为此，妻子不但不理解，反而唠叨不休。某先生心中火气陡地升起，说道：

“请别这样唠唠叨叨好不好，不然，我要在桌上痛打十巴掌了。”

“关我屁事，打，打呀。”想到肉痛的不是她自己，妻子反而鼓励说。

但是某先生说：“经过了这十巴掌的锻炼，第十一巴掌打在肉上可就有些功夫了。”

妻子戛然而止，她大概领会到了先生内心的火气，不愿让脸作为他练功夫的沙袋吧。

在这个幽默里，先生打了十巴掌，第十一巴掌打在什么地方，就是一种暗示。这个暗示包含了如下意思：先生心中很火、很烦，他需要理解和清静。现在先生得不到这些，反而遭受另一种折磨。对先生这种情况，妻子最好住口，不然先生要真打人了。“功夫”一词，则承担了幽默的任务。

哥尔登先生观看拳击赛，每当拳击师击中对方的面颊，他都高兴得拍手称快。邻座问他：“先生，您也是拳击师吗？”“不，我是牙科医生！”哥尔登先生答道。

邻座表面上问的是职业，但他想知道或想确证的是：为什么拳击师每击中对方的面颊，你都高兴得拍手称快呢？是不是因为你是拳击师能与台上拳击师共鸣，产生相同的快感。而哥尔登的“我是牙科医生”不仅回答了邻座的表层含义，而且用暗示的方法回答了邻座的暗含义。我不是为拳击师的精彩表演喝彩，只不过是因为拳击师为我多制造了一位顾客，我是为我的生意而高兴。“言止而意不尽”就是此则小幽默的极妙之处。

一位犯人就要上绞架了，牧师来到他的面前说：“我的孩子，让我来告诉你一些上帝的话吧。”“不用了，牧师先生，”犯人平静地说，“再过一会儿，我就要面见他老人家了。”

犯人借用“上帝”一词。用暗示的方法，委婉地拒绝了牧师先生临终的“祷告”。

运用暗示影射法，可以照顾情面，化解矛盾；可以增进友谊，克服困难；可以婉转达意，避免灾难；可以转危为安，化祸为福，用于学习生活工作的各个方面，使人们的生活质量提高、笑果累累。

# 钢琴家的胜利

荒谬性的逻辑可以归结于一句话：即“无理而妙”，越是幽默同时也就越带纯调笑性，纯调笑越强，与某种切合实际的想法和道理的距离就越远。反过来说，越是一本正经地把道理讲得头头是道，也就越不幽默，越不幽默也就越可能带上某种现实推理的特点。越是带上现实的推理性，幽默就越是让位于机智。

钢琴家兼幽默家波奇，有一次在美国密歇根州的福林特城演奏，发现全场座位不到五成，他当然感到失望，而且很窘迫。但是他不为窘境所拘，相反，他在窘中求趣，以幽默的语言打破了窘境。他走向舞台向听众说：“福林特这个城市一定很有钱。我看到你们每个人都买了两三张票。”

于是大厅里充满了笑声。

这种化消极现实为积极情致的幽默，有两个关键点。

第一，不为窘境所拘。

第二，对产生窘境的原因作想象的、玄妙的甚至荒诞的解释，并让在座的人与你一起分享你的精神的自我解脱。

这位钢琴家的成功就在于他对空座位的原因的解释是这样荒诞，又是如此奇妙，以至于一刹那，由于幽默的胜利产生的喜悦感大大压倒了演奏会失败的挫折感。

对于这位钢琴家来说，与其说是幽默的胜利，不如说是他敢于荒诞地曲解失败的胜利。他奇妙的解释是进入荒诞境界的结果。如果荒诞性不够或不奇妙，则幽默感也会相应地减弱。

当一个竞选者身陷反对者的包围时，境况的窘迫是可想而知的，但聪慧者往往能化解困境。下面摘录了三人化困的言语：

第一个人说："谢谢你们，要不是你们的支持，我不可能当选。"

第二个人说："很感谢各位，要不是你们反对我的一些鸡毛蒜皮的事，我早就落选了。"

第三个人说："很感谢各位，你们那样反对我也没有把我送上断头台，要不然我即使获胜，也不会没头没脑地站在这里。"

很显然第三个人的幽默意味更强。因为它除了更荒谬些以外，还更像一种歪理，这得力于"没头没脑"的双关语，使之有一种荒诞的逻辑性。

窘中求趣，是一种愿望，但如果没有勇敢的、超乎常人的荒谬的想象，那也只是愿望而已。有了这样的想象而不善于在想象中借助偶然的因素来构成某种歪曲的推理，也是很难成功的。荒谬之妙，就在于荒诞的逻辑性。

荒谬性的逻辑可以归结于一句话：即"无理而妙"，越是幽默同时也就越带纯调笑性，纯调笑越强，与某种切合实际的想法和道理的距离就越远。反过来说，越是一本正经地把道理讲得头头是道，也就越不幽默，越不幽默也就越可能带上某种现实推理的特点。越是带上现实的推理性，幽默就越是让位于机智。

# 卖国贼是说谎的

何谓“循环论证，因果同一”呢？简单地说就是“P，因为P”，意指故意兜着圈子说话，用论题来证明论题，使人陷入一个无休止的循环怪圈。最后得出因既是果，果既是因的结论。幽默的产生不在于循环论证错误本身而是来源于荒谬的、毫无意义的循环过程。

循环论证的错误可以分为以下三种具体的表现形式。

第一种是同语反复。所谓同语反复，指的是论据和论题完全是一回事。有时，虽然两者在语言形式有所不同，但所表达的内容却是一样的。如：

一对恋人结婚了。他们结婚以后认为要办的第一件事就是去买过冬用的煤。于是便向朋友打听买煤的事。

朋友对他俩说：“你们是买不到煤的。”

他俩问：“为什么？”

朋友回答说：“就是因为你们没法买到……”

以上事例中，那位朋友的前后两句话实际上构成了这样一个论证过程：你们是买不到煤的，因为你们没法买到。在这个证明中。论题与论据完全是一回事，这实际上是等于用论题来证明论题，而论题到底为什么成立，最终还是没有提出任何理由。不过这个什么问题也没解决的循环论证过程却给人以无限的趣味。

第二种是直接循环。

所谓直接循环，指的是论据的真实性不经过任何中间环节，而直接依靠论题来证明。如：

甲问："你的头发怎么都掉了？"

乙答："担忧啊。"

甲问："担忧什么呢？"

乙答："掉头发呀。"

之所以掉头发，是因为担忧，而之所以担忧，又是因为掉头发。论题依赖于论据，而论据又直接的依赖于论题，因果同一。

还有一则路人与乞丐的对话更是幽默而风趣：

路人："你为什么求乞？"

乞丐："因为我需要钱买酒喝。"

路人："那你为什么喝酒？"

乞丐："好有勇气求乞。"

本来到第一层为止，乞丐是回答了路人的问题的，"要钱买酒喝"是"求乞"的原因；而到第二层"喝酒"的目的是为了"有勇气求乞"，两者结合起来就陷入了一个绝妙的循环怪圈。幽默也就产生了。

第三种是间接循环。

所谓间接循环，指的是论据的真实性经过一些中间判断后，最终又需要依赖于论题来证明。鲁迅在《论辩的魂灵》中有这样一段话：

卖国贼是说诳的，所以，你是卖国贼。我骂爱国贼，所以我是爱国者。爱国者的话是最有价值的，所以我的话是不错的，我的话既然不错，你就是卖国贼无疑了！

上例中最后两句话是说："因为我的话不错，所以你是卖国贼。"这里"你是卖国贼"是论题，"我的话不错"是论据，而这个论据又是由"你是卖国贼"经过一些中间环节推出来的。因此，它实际上又是间接地由论题来证明的，这样一层一层剥开来，圈子便逐层缩小，解圈的过程，本身就趣味盎然。

循环论证的荒谬性在于用论题来证明论据的真实性，这是产生幽默的真正根源。

## 如果没有那么大的牛

中国古代有个笑话，说是一个人非常吝啬，从来不请客，有一邻人问其仆人他什么时候请客，仆人说："要我家主人请客，你得等来世。"主人在里面听到了，骂出声来："谁要你许下日子。"

本来说"来世请客"，已经是很清楚很彻底的否定了请客的可能性，因为来世不存在，请客是不可能的。但这里的主人还不满足，因为从形式上来说，"来世请客"终究还是肯定的，还没有达到从内容到形式绝对否定的程度。在他看来哪怕实际上是否定请客的可能性，只要在字面上有肯定的样子也都是不可容忍的。正是这种绝对的荒谬产生了幽默感。

从以上例子中，我们知道，所谓"谬上加谬"就是把荒谬推向极端，或者把多种荒谬集中在一个焦点上，成为复合的荒谬。复合性荒谬的构成要注意两点：一是得把几层荒谬的意思压缩在同一句话中，不能分别讲出；二是这句话不能凭空冒出来，是以对方的行为或语言为前提进行怪异推理的结果。

最后，我们再来欣赏一则"吹牛大王"的笑话。

有个"吹牛大王"，一天又在公众面前海吹起来。"我在河南某地见识了一面大鼓，正月初一敲一锤，一直响到八月十五，大伙猜猜，这面鼓有多大"？

一个叫胡能扁的人说："不大，不大！我在河北见过一个大瓦盘，光是黄河的水，给进流了七七四十九天，方才半盘。据记载，曹操的80万大军在盆里洗了个澡，相互间谁都不碰谁，你们看这盆有多大?”一个白胡子老汉说：“你俩说的都不大。我见过一头牛，牛嘴在长江喝水，尾巴还在内蒙古乘凉，它一口啃光了300亩青草，一个农民拿竹竿去赶，没防把天戳了个大窟窿，玉皇大帝派下天兵天将，来捉拿他呢……”

吹牛大王和胡能扇不服气地说：“我们不相信，人世上竟然会有那么大的牛和那么长的竹竿!”

白胡子老汉笑着说：“如果没有那么大的牛，哪有那么大的皮去蒙你所说的大鼓；没有那么长的竹竿，哪能破成长长的篾子做成大箍，来箍那么大的盆呢!”

## 女人不能保守秘密

一位画家到一个风景优美的地方去度假、写真，他和一个农夫住在一起，假期结束时，画家想送给农夫一些钱，但农夫说：“不，我不要钱，你给我一张你画的画吧。钱有什么用?一个星期之内就花完了，但你的画将会永世长存。”

这对于画家来说自然是好事，是一个积极的有利于己的要求，是很难不接受的。

画家非常高兴，并感谢农夫称赞他的画。

农夫笑着答道：“我并非为了别的，我有个儿子在伦敦，他想成为一名画家。他下个月来这里的时候，我要把你的画拿给他看。我想这样一来，他就不会再想成为画家了。”

上例中，农夫的要求是正面的，弄得画家沾沾自喜，并“感谢农夫称赞他的画”。但接下来农夫的解释却出人意料，“他买画”不是为别的，只是想用这幅画来打破儿子想成为画家的梦想。提出正面的要求，是为了引导出反面的动机，不在于先提出的前提如何，而在于后来做出的解释如何，幽默的奥秘在出人意料似真而谬的解释中，这就叫作以正导反法。由于运用这种方法正面的结果在前，反面的动机在后，很容易造成对方的预期的失落和发现的惊异。

在一个剧场里，演出正在进行。这时，一位观众站起身来，沿着他那排座位走了出来，然后去了休息室。几分钟后，他又回来想找到自己坐的那排座位。仅只凭印象。他走到刚才走出来的那排座位前，问这排座位上的第一位观众：“请问。我刚才踩的是您的脚吗？”

“对，不过没关系。一点也不痛了。”

“不，我不是这个意思，我只是想证明一下我是不是坐这一排。”

被踩者出于礼貌的答话，在因离开位置踩了人家脚的观众的反面解释面前。似乎显得自作多情，一正一反形成鲜明而强烈的对比，这就是以正导反的妙处。

英国首相丘吉尔走出了出租汽车，回头对司机说：“我在这里办事要一个钟头左右，请等我一下。”

“不行！”司机一口拒绝，“我要回家去听丘吉尔的精彩演讲。”

丘吉尔听了很高兴，马上多给了他两镑小费。

“唔。我想想看，”见钱眼开的司机改口说：“我还是在这里等你吧，管他什么丘吉尔的！”

丘吉尔太高兴，因为司机对自己演讲的称赞与着迷，给了司机两镑不费，结果却使自己以高于大笔出租汽车的收入，降到了低于两镑小费的价值。司机从拒绝到接受之间的条件仅仅是一笔较多的小费。

一个男人说：“女人不能保守秘密。”

另一个男人反驳："你这种看法是错误的。事实上女人很能保守秘密，只是在某种情况之下，一个女人保守秘密很困难，她不得不和别的女人联合起来保守这个秘密。"

前提是肯定女人能保守秘密，而解释的原因以字面上是肯定的，在内容上却是否定的，集体保守秘密就不是秘密。

运用此法关键之处是导向反面时，理由要十分奇特，别出心裁，发人之所未发。可以突然从肯定转向反面，也可以全用反语，把否定的内容放在肯定的形式之中。以正导反不同于谬极归真，后者是将荒谬的前提作了似乎一本正经地解释：而前者却是将似乎一本正经的前提作了荒谬的解释。以正导反不能过分从实，它贵在远起远落，只给想象点悟，不作从实的教训。如果我们能放开想象的翅膀，就能进入以正导反的幽默境界。

## 很多东西，都是分期付款的

安徒生的童话《皇帝的新装》，大家都很熟悉吧！还记得小孩最后说的一句话吗？"皇帝什么衣服也没穿。"小孩一语破的，将荒谬绝伦的骗人把戏公之于众，使爱慕虚荣的皇帝、阿谀奉承、明哲保身、愚昧的大臣、官员们，以及"聪明"的骗子等世生相丑态百出。真乃妙绝，这就是直言不讳，即实话实说，不拐弯抹角，直捣事情真相。

一般人都习惯于用委婉含蓄、有话曲说的方式来表达自己的观点与看法，即使是一些明显错误的，也不直接指出来，或绕着弯子说，或干脆不说，"沉默是金"。正因为人们习惯了，故而形成一种固定的心理期待程式，一旦有人"直言不讳"，直说隐衷反而造成期待的失落。这就是大人与小孩子对话，大人经常要笑出声音的缘故。因小孩并不了解什么话不用讲，什么话不能出口。从心理上说通常人在社会交往中都有一种目的，因而把自己的真正心理严密地保护起来。所以人们口中说的与心里想的往往不大一样。心口之间的错位，给人以回味的余地，造成一种言外之意的趣味。“直言不讳。创造奇趣”的关键就在于此。

从前，有个老财主，听说外边来了一位相面的先生，便唤家丁：“去把相面的先生叫来，叫他给我相上一面。”家丁唤来了相面先生，管了饭，把二百两银子端在先生面前，财主说：“请先生给我好好相上一面。相对了，就给你二百两银子。”先生端详了一下老财主。见老财主头小耳尖。活像一只兔子。先生说道：“你头小耳尖眼红，像只兔子！”老财主一听简直气炸了肺，唤来家丁道：“把这个骗子捆起来，吊在树上重打四十棍。”家丁们把相面先生吊在树上，打了个皮开肉绽。财主笑道：“你还是走江湖的，怎么狗屁不通！你若好好给我相上一面，那二百两银子不就到手了?”“唉，都怨我没看准，来的时候眼没擦净。”相面先生道，“能容我再给主家相上一面好吗?”“行!”家丁把先生放下来。先生又重新回到堂屋里。财主气愤地说：“你再好好看看。”先生左看、右看，仔细端详了一番道：“老财主，打死我，你也像兔子!”

相面先生不为金钱所动，不顾直说给自己带来的不利或损害。始终心口如一，这种直言不讳到缺乏自我保护意识的程度，就显得奇特而带有一种幽默的效果。

皇甫先生是地方上一位有权有势的人物，这年他过60大寿，有人送他一幅画，并题了一首诗：

“皇老先生，老健精神，乌纱白鬓，龟鹤同龄。”

寿星看了这幅画非常开心，便把它悬挂在客厅里。

可是，客人看了之后，大笑说：“这是骂你的，那是藏头诗，横念起来，正是皇老乌龟啊。”

客人直言不讳，毫无遮挡的点出了题画诗的真意，与寿星的愉悦心境形成巨大反差，幽默也就产生了。但这仅限于幽默作品中，供欣赏而已，如果运用于人际交往中，则很可能使人家尴尬，下不了台。

当然，如果将“直言不讳”隐于藏头诗中，则另当别论。下面我们来看一则反其道而用之的例子。

许弘纲少时，曾在厉财主家放牛，一次，许弘纲牵着牛路过村里的蒙馆，听到琅琅的读书声，就走近去听。这时厉财主走过来，狠狠打了他两个耳光，还骂他长大了“只配做轿夫”。

许弘纲咽不下这口气，偷偷发奋读书，后来中举当了尚书。厉财主竟厚着脸皮上门，求许尚书为他家题块匾。许弘纲就题了一块：

只因积德好，配得金银宝。

轿马不离门，夫妻同到老。

厉财主将匾高高地挂在门头上，人们看了，无不掩嘴而笑。原来，许弘纲所题的四句诗中，藏着“只配轿夫”四个字。

许弘纲直来直去，以其人之道还治其人之身，表达了自己心中的积怒。运用“直言不讳”法，有时亦能扭转不利局面。

一对恋人要分手了。

女：“再见吧，你很快就会忘了我的！”

男：“不，我不会很快地忘记你的——我给你买的很多东西，都是分期付款的！”

以前女的不知道男朋友是借钱给她买东西，这一说反而知道，男朋友爱她的真心，深为自己过去的虚荣心感到惭愧。俩人重归于好。

有位父亲巧妙地利用直话直说法，批评了爷爷奶奶在教育孙子方面的某些错误观点。

奶奶：“我已经对你说过，孩子要什么，你就给他什么吧。”

儿子的爸爸："是的，妈妈，刚才他要我给他在院中挖一个洞，我就给他在院中挖一个。"

"那他为什么还哭呢？"

"唉，麻烦得很！现在他要我把那个洞搬进屋子里来。"

这里奶奶的所谓"什么都给"的观点在碰到"搬洞"时就不可能成立了，由于反差大，就有了幽默，这位父亲巧用"直话直说"。批评了奶奶对孙子的溺爱，小孩子的某些荒谬的无理的要求是根本不可能满足的。

可见，只要条件成熟，时机许可，"直言不讳"同样能创造幽默奇趣。

## 我们村里的一只龟是公龟

生活中，我们难免会遇到卑劣的人和事，难免会受到攻击，当外来的横逆忍无可忍之时，如果我们还过分轻松的调笑，不但显得软弱无能，更缺乏正义感，而且会导致对方更嚣张的进攻。此时，再不以牙还牙，以眼还眼，就会丧失人格。

在上海，电车总是很挤，一个瘦乘客和一个胖乘客吵起来。瘦子悻悻地说："有些人搭车，应该按重量买票才行！"

胖子听了，说："谢天谢地，假如你的话应验了，那你永远没有福气乘电车了。"

"为什么呢？"

"你想一想，像你这样一个瘦家伙，能收到你多少钱，会让你乘车吗？”

胖子按瘦子的道理推出，瘦子因重量问题同样不应乘车。胖子反应之快，而且顺理成立。人们在欣赏他受讥笑还有超脱精神之时，对他的锋芒毕露，当时也就不加计较了。

从前，有个小村庄的几个老头在庙前晒太阳。这时，从东边来了一位衣着讲究的客商，来到庙门前不走了。他打量了一下面前碑底下的石龟道：“你们这里的这只龟。据我看来，像是母龟，我们村里的一只龟是公龟。”说完，扬扬得意。

晒太阳的老头儿应道：“先生说的正是。这只龟曾经几次到你们村里去换龟种，恐怕你们村里的龟种不止一个吧？”众人捧腹大笑。客商听罢，面红耳赤，灰溜溜地跑了。

针锋相对，以矛对盾，老头给了挑衅者以应有的回报，难怪众人捧腹笑个不停。

有一天，刻薄鬼老爷叫仆人去打酒，只给仆人一个酒壶，却不给钱。仆人感到莫名其妙，便问：“老爷，没有钱怎么能买到酒呢？”

刻薄鬼老爷生气地说：“花钱买酒谁不会？不花钱买到酒，才算本事！”

仆人听了，一声不吭地拿着酒壶走了。一会儿，仆人拿着酒壶回来了。刻薄鬼老板以为占了人便宜，高高兴兴地端起酒壶倒酒，倒了半天没倒出一滴酒。原来还是空壶。他大怒说：“岂有此理！酒壶没有酒，叫我喝什么？”

仆人回答说：“老爷，酒壶有酒谁不会喝？要是能够从空酒壶里喝出酒来，才算真有本事呢！”

机灵的仆人以“从空酒壶里喝出酒来，才算有本事”回敬刻薄鬼的“不花钱买到酒，才算本事”，可以说是绝配。刻薄鬼老爷遇到了一位精灵的仆人，棋逢对手。一矛一盾，各不相让，在酒壶上见了高低，读来好笑。

反唇相讥幽默术一般是对方的攻击有多少分量，就进击同等的分量，软对软，硬对硬，不随意加码，加码过重会影响幽默情趣。对方攻击是侮辱性的，则还击的也是侮辱性的。如果对方攻击是调笑性的，还击的幽默语言也同样是调笑性的。

## 第一条消息是假的

不知大家是否玩过捕鸟的游戏，“诱人就范”幽默术就与此相类似，只不过，“捕鸟”用的是诱饵，而这里用的是“语言”而已。所谓“诱人就范”就是让自己的言行，有多种可能的含义，然后，诱导对方的注意力在某一种含义上固定下来。即为对方所设的陷阱，使对方突然产生期待的失落，从而产生强烈的戏剧效果。它是人们在交往中常用的比较容易掌握的幽默方法之一。

“诱人就范”的秘诀是利用词语的多义性，设置语言圈套：它的特点是出奇制胜地将对方引入圈套，让对方不能有丝毫受骗的感觉，使对方按正常的理性思维去推理。

老王被一个年轻人破口大骂。但老王却一声不吭。待那年轻人骂完了，老王问道：“年轻人，如果一个人拒绝接受人家送给他的礼物，这礼物应属于谁？”

“属于那送礼物的人。”年轻人答道。

“可爱的小伙子，”老王说：“我拒绝接受你的辱骂，你收回去留着给自己好啦。”

老人利用礼物接受不接受的不同指向，制造一个圈套，让小伙子上钩，然后把“礼物”还给小伙子，达到还击的目的。

有一次，在一家饭店吃鱼，几个小伙子扯到了有关在鱼肚子里发现珍珠或其他贵重东西的有趣故事。有一个老人静静地听着，最后说道：“你们的故事是假的，我讲一个真的吧！”

“20世纪40年代，我在上海做过事。当时，我爱上了一个漂亮女郎，正准备结婚，老板派我到香港办事，两个月后，我买了一枚很贵重的钻石戒指，想作为结婚礼物赠送给她。

我到上海刚一下船，就碰上我的一位好友，我们就在黄浦江上的水上乐园喝起酒来，好友对我说我的未婚妻已经同别人结婚了。

我勃然大怒，随即把戒指向黄浦江里扔去。

几天以后，我又到水上乐园去吃饭，我要一盘鱼，鱼很小，几乎一口一个。我正在吃的时候，觉得有一块硬硬的东西咯了我的牙，你们猜是什么东西？”

“钻石戒指！”几个小伙子高喊起来。

“不，”老人说，“是块鱼骨头。”

这里，老人利用大家的好奇心理，制造错觉，让大伙都掉进他的故事陷阱，产生一种强烈的失落感，把一个本来平淡无奇的故事变成了一个奇妙有趣的幽默。

还有一则妻子让不愿做家务事的丈夫去做家务的幽默故事。

妻子：“亲爱的，你能去把昨天晚上换过的衣服洗一下吗？”

丈夫：“不，我还没睡醒呢！”

妻子：“我只不过是考验你一下，其实衣服都已经洗好了。”

丈夫：“我只是和你开玩笑，其实我是很愿意帮你干活的。”

妻子：“我也是和你开玩笑，既然你愿意，那就请你快去干吧！”

妻子巧设圈套，诱丈夫一步一步就范。使不愿做家务的他此时也不得不佩服和欣赏妻子的幽默和情趣，高兴地去干。

诱人就范幽默也可以是调笑性的，用来赶走心中的苦恼和外来的不快。

一对恋人在热恋着，女方父母却不同意，于是女方再次做父母的工作，晚上男朋友等着女朋友的消息。

女朋友来了，她说："我有两条消息告诉你，一条好消息，一条坏消息。"

男朋友说："请先告诉我好消息！"

"爸爸和妈妈终于同意了！"

"哦！我的岳父母万岁！——请告诉我那个坏消息吧！"

"第一条消息是假的！"

女朋友利用好消息的真假难料给男朋友设下圈套，从而变成"好消息"的假是"坏消息"。像这位女朋友，此刻还有幽默感说明她确有一种自我超脱的精神，否则她是幽默不起来的。

## 马并不吃鱼呀

游戏幽默是智慧和情趣相结合的产物，它能产生许多特殊的意外，给人某种心理预期的失落，从而有趣味性。有许多感性色彩。人们在社交活动中能发挥出来，为人欣赏，引起共鸣。

某省在某市召开摄影工作会议。与会的几十名代表中女代表只有三人，于是她们便成为大会瞩目的对象。

会议结束时，有人提议请三位女士表演一个即兴节目，全场顿时一片欢乐。响起热烈的掌声。

三位女士悄悄商议了一会，不慌不忙地站起来说：“要我们表演可以，但大家也要答应我们一个要求。”

“什么要求？”

“这是一个有趣的游戏，很简单，就是我们数一、二、三，大家就把手举起来。答应这个条件我们就表演。”

男代表们一想这有什么关系，便异口同声地说：“可以，可以。”

三位女士便一齐数一、二、三！顿时，全场的代表都把手举了起来。

三位女士便说：“现在准备好了，记者先生，请你快来拍照。”

摄影记者不解地问：“拍什么呀？”

“拍一张《看谁的手最干净》。”

三位女士的所谓游戏，其智慧并不表现在游戏本身有什么高明之处，而在于那个丝毫为不人察觉的圈套的巧妙。开始大家真认为三位女士在表演一个正儿八经的游戏，因此心甘情愿“上当”，使固有的模式化的心理期待落了空，幽默感顿时产生，把大家变成幼儿园的小娃娃们。

可见游戏幽默中的游戏是通过机智变换成情趣，游戏的目的是为创造幽默服务。让人感到你既有高度的机智，又有令人愉快的幽默感。

游戏幽默有时也可带有攻击性或目的性。

在大西北，一个旅行者骑着马赶路时，天下了大雨，浑身又湿又冷。后来他终于来到县城的一家小客店。客店里挤满了人，使他无法去接近火。这时他喊出客店老板，说：“拿点鱼去喂我的马。”

老板说：“马并不吃鱼呀！”

旅行者接着说：“不要紧，按我告诉你的去做。”

客店中的人群听到这奇怪的命令，都纷纷跑去看马吃鱼。这样整个房子里只剩下了旅行者一个人，他在火旁坐了下来，暖和自己。

不一会儿人群回来了，老板说："你的马不吃鱼。"

旅行者答道："不要紧，把鱼放在桌子上，等我把衣服烤干了，我自己来吃它。"

旅行者运用高超的是骗术游戏，虽然使众人受骗，感觉到受了攻击但由于他的幽默感，使众人反而感觉到自己蠢而可笑。"马吃鱼"本是十分荒谬，而大家由于将信将疑，都想瞧个究竟，哪知这是骗术，是圈套，等感觉受骗时，听他一说，原来如此，也就趣味顿生。心知受骗，但还能乐意接受。

有一对夫妻两人都懂音乐。一天，他们家中没米了。于是妻子就到丈夫办公室来找丈夫，恰巧他不在，就在他桌上留了张纸条。上书："5632"。别人看不懂，等他回来问他。

他说："5632"为音乐简谱记号，'速拿米来'是也！"

这是文字游戏，是利用谐音关系，当然别人一时不懂。丈夫在享受了妻子幽默情感之后，自然会兴高采烈地去完成妻子交给的任务。

## 原来我长得糊涂

荒谬推理是一种违背逻辑的推理方法。它抓住个别的、表面的、偶然的一些现象或者是荒谬的前提去推理，使因果之间本来没有内在联系的事件，强行撮合在一起，看起来虽然很荒唐，但细细品味起来还有一定的内在联系。形成幽默，令人发笑。

有人自称会看相，对他朋友说："哎呀，我的朋友，你将来会没什么福气，也不会长寿。"

朋友一惊，问："你怎么知道？"

这人说："你的耳朵特别小，自古以来都认为耳朵大的命长福气好。"

朋友一笑说："你的意思是说，猪的福气大、寿命长喽？"

这里的"耳朵大小"是前提。而这个前提有变幻性，不仅仅对人而言的，因此，朋友推理到猪的身上，便显得荒唐可笑，反过来也证明了看相的荒唐性。这位朋友的推理幽默中几乎看不到攻击性，只是攻破了对方的所谓高论，是属软性的，是宽容大度的表现。

据传，法国国王亨利四世是个好色的君主，性情颇为幽默。

有一年，他出巡时路过一个村庄，时适中午，他派人找到一个流浪汉陪他进餐。

"汉子，你叫什么名字"？亨利四世在桌子对面坐下后发问。

"回陛下，我叫放荡汉！"

"唔，放荡汉，你能告诉我放荡与淫荡有什么差别吗？"

"回陛下，放荡与淫荡的差别是隔着一张桌子！"

"放荡"与"淫荡"本来是联不到一起的，回答"隔着一张桌子"这是一个荒唐的推理，发人深省又倍觉好笑。

有攻击性的推理幽默。若为了保护自己，也不算过分，幽默在人际关系中的功能就是使双方力量平衡，对方给你多少，你就给他多少，这时紧张的关系才能松弛。

在照相馆，有位顾客拿着才取的照片说："怎么？我变成这个样子了？"

照相师冷漠地说："人长得怎么样，照出的相就怎样。"

顾客恍然大悟，说："哦，原来我长得模糊。"

顾客从照相师的话推断出自己的"长相"，说明照相的技术太差，照片模糊不清。再看下面的推理对话：

甲说："只有笨蛋才对事情很确定，聪明人都会犹豫不决。"

乙马上问道："你确信如此？"

"是的，我确信如此。"甲说。

这里的乙是偷换前提，让甲自己推出与自己前面的观点相矛盾的判断，自食其果，自己倒成了"笨蛋"。甲之所以"上当"，是由于乙的反应太快，甲的思维一时没有跟上。这也是形成幽默的一个原因。

爸爸对女儿讲他小时候家境贫寒，受尽了苦难。女儿听完了故事，两眼含泪，十分同情地对爸爸说："哦，爸爸，你是因为没有饭吃才到我们家来的吧？"

女儿的推断很幽默，其趣味在于把爸当作家里收容的外人，她幽默的目的是为了轻松一下对方的负重心理。

有一家砖瓦厂厂长和食品厂厂长见面了。砖瓦厂厂长说："听说你们厂做的饼干比我们厂制的砖头还硬，请你介绍介绍经验好吗？"

食品厂厂长说："啊哟，我正想到你们厂取经呢！听说你们厂做的红砖，比我们厂的桃酥还酥！"

砖和食品是驴唇不对马嘴的事，本来对不上号儿，却硬扯在一起，"饼干比砖头还硬""红砖比桃酥还酥"，明为互相取经、学习，实乃讥讽，推理荒谬而可笑。

推理幽默在社交中极有实用价值，它能让你在情况不断变化的条件下，总是找到有利于自己的理由，哪怕互相反对的理由，也都能为己所用。